顾问 许嘉璐 顾明远

中国古代科学技术

ZHONGGUO GUDAI KEXUE JISHU

主　编　朱永新 杨海明 马亚中
副主编　陈国安

涂小马　编著

浙江古籍出版社

顾　　问　　许嘉璐　顾明远

主　　编　　朱永新　杨海明　马亚中
副　主　编　　陈国安

本册编著者　　涂小马

教育应该是当今文明复兴的新动力,学校应该是文化发展的新中心。完善中华优秀传统文化教育,不仅是立德树人的根本立足点,是国家文化建设的根基,是贯彻党的教育方针的重要内容,是建设社会主义核心价值体系的重要基础,更是关系到中华民族生死存亡的大问题,也是我们这一代人义不容辞的神圣使命。

优秀传统文化,我们不仅要从博物馆里、从文化作品中看到,更要从普通人、从孩子们的一言一行中看到。只有教育,才能把断裂的传统文化和现实生活贯通,才能使其在当下复活;只有复活的传统文化,才有真正的生命力,才能传承创新。传统文化教育绝不能看成几门简单的课程,它首先是理想,是道德,是价值。我们不仅要有匹夫有责的文化自觉,更要有舍我其谁的教育担当。

2014 年 8 月 8 日

编写说明

1．这本小册子是为小学生课外阅读而编写，目的是为小学生提供一些中国古代科技的基本知识，提高小学生对中国古代科技的兴趣。

2．本书选录有代表性的科技发明，大致依照对世界的影响程度排序。全书共分 12 篇，每篇选择一种作品。

3．所选作品都加上简单易懂的注释，并把文言文翻译成现代语文。

4．每篇作品除了注释和译文外，根据作品情况，还列有"背景资料"，使小学生对文章作者、或者科技发明的背景有所了解。

5．每篇末留有思考题，目的是启发小学生对所读作品的进一步思考和理解。

6．为了使小学生能获取更多相关内容与知识，每篇之后还附以"链接"，反映该科技发明对世界的影响，或者国内外研究现状，供小学生参考阅读。

7．为了形象地说明课文的内容，每篇课文都有与课文相关的插图。

8．由于缺乏经验，本书的编写存在不足，希望使用者提出意见和建议，帮助我们进行修改。

　　直到公元 16 世纪，中国古代科技的发明和发现，都远远超出同时代的其他国家和地区，长期领先于世界，最有代表性的就是众所周知的四大发明：造纸术、印刷术、火药、指南针。随着以此为代表的科技成果传播到世界各地，给世界各地人民的生活带去了便利，对世界科技的发展做出了重要贡献。

　　然而从 17 世纪开始，随着近代科学在西方的兴起，中国在科技方面似乎没有跟上世界的步伐。对中国科技史研究有着杰出贡献的英国学者李约瑟（Joseph Needham）在其编著的《中国科学技术史》中正式提出了著名的"李约瑟难题"，主要包括两个方面："为什么在公元前 1 世纪到公元 16 世纪之间，古代中国人在科学和技术方面的发达程度远远超过同时期的欧洲？""尽管中国古代对人类科技发展做出了很多重要贡献，但为什么科学和工业革命没有在近代的中国发生?"当然,"李约瑟难题"恰恰证明中国古代科技对世界作出的卓越贡献。

中国古代科技的内容十分丰富,大致可以分为以下一些方面:天文学、数学、物理学、化学和化工、地理学、生物学、农学、医药学、印刷术、纺织、冶金铸造、机械、建筑、造船和航海、军事技术,等等。下面就其中几个方面举例说明。

物理学。中国古代在力学、声学、磁学、光学等方面取得了卓越成就。单是战国时期的《墨子》一书中,就最早记述了秤的杠杆原理、浮力原理、光通过小孔成倒影原理、凹面镜成像原理、凸面镜成像原理,讨论了滑轮力学,对力作出了有物理意义的定义,对重力现象最早作出了描写。

化学和化工。在纸没有发明以前,我国记录事物多靠竹简、木牍、缣帛之类。西汉前期,中国已经掌握了造纸技术。公元105年,东汉宦官蔡伦改进造纸术,造出了"蔡侯纸"。造纸术在公元7世纪经过朝鲜传入日本,8世纪中叶经中亚传到阿拉伯,12世纪经由阿拉伯传入欧洲。中国古代炼丹的术士在炼制丹药时发明了火药。唐末，火药开始用于军事。最早的火药武器有突火枪、火箭、火炮等。宋朝在军事上广泛使用火药。火药经过印度传入阿拉伯，又由阿拉伯经过西班牙传入欧洲。

地学。《后汉书·张衡传》中比较详细地记录了测量地震的仪器——地动仪的装置结构、原理，而西方同类仪器的问世要迟约1700年。矿物和人类生活关系极其密切，4000多年前，中国人民已经开采铜矿石炼铜。到殷商末年，已经铸造出832.84公斤重的后母戊鼎。中国古代的矿物知识与中医学、炼丹、绘画使用的颜料等有一定关系，有比较系统的探矿理论，最著名的是战国时期的《管子·地数》。中国是世界上最早发现和使用石油的国家之一，在铜矿、盐卤、天然气、煤炭等的开采方面有着悠久的历史，积累了丰富的经验。

医药学。成出于战国时期的《内经》、东汉时期的《伤寒杂病论》反映了我国古代医学的早期成就。而独特的针灸疗法、脉诊、中药学、免疫方法等都在世界上独树一帜。三国时期，华佗的腹腔手术和麻醉术更是比国外早了1000多年。

印刷术。隋唐之际，中国出现了雕版印刷术。宋代是雕版印刷的黄金时代，已经有了铜板印刷、彩色套印技术，11世纪中叶，北宋平民毕昇发明了胶泥活字印刷术。公元1450年前后，德国人谷登堡受中国活字印刷的影响，用铅、锡、锑的合金初步制成了欧洲拼音文字的活字，用来印刷书籍。

造船和航海。中国是世界上造船历史最悠久的国家之一。明代初年，郑和七次下西洋，二十多年间访问了三十多个国家，每次出动船舶一百至两百多艘不等，船舶的类型有宝船（属于沙船）、马船、粮船、坐船、战船等。其中宝船四十多艘或六十多艘，最大的长151.18米，宽61.6米。船有4层，船上9桅可挂12张帆，锚重有几千斤，要动用二百人才能启航，一艘船可容纳千人。是当时世界上最大的海船。而航海业的发达，与指南针的使用关系密切。世界上最早的指南仪器是战国时期发明的"司南"。后来，人们利用磁石指南的特性，制成指南针。北宋时，指南针应用于航海，比西方要早两个世纪。

总之，中国古代的经验科学领先世界一千年，但在中国没有产生近代实验科学，我们期盼新世纪中国科学技术的腾飞。

目　录

一 指南针

　　方家①以磁石磨针锋，则能指南；然常微偏东，不全南也。水浮多荡摇，指爪及碗唇②上皆可为之，运转尤速，但坚滑易坠，不若缕悬③为最善。其法取新纩（kuàng）④中独茧缕⑤，以芥子许⑥蜡缀（zhuì）⑦于针腰，无风处悬之，则针常指南。其中有磨而指北者。予家指南、北者皆有之。磁石之指南，犹柏之指西⑧，莫可原⑨其理。

（《梦溪笔谈·杂志一》）

司 南

注释

①方家：行家，指精通某种学问或技艺的人。

②碗唇：碗口。

③缕悬：用丝线悬挂。

④纩：丝绵。

⑤独茧缕：单根的蚕丝。

⑥芥子许：芥菜子那样大小。

⑦缀：连接，这里指粘。

⑧柏之指西：柏树指示西的方向。柏之指西缺乏事实依据，不可信。

⑨原：推究。

 **译文**

行家用磁石磨铁棒成针，就可以指向南方，然而常常略微偏东，不完全指向正南方。（放在）水上常震动摇摆，（在）手中或碗边都有可能这样，运转的速度很快，但坚硬光滑（的表面）容易滑落掉下，不如用线悬挂的方法，这个方法是最好的。这个方法是取新产的丝绵中单条茧丝，用芥菜子大小的蜡粘接在针的中间，悬挂在没有风的地方，则针就一直指向南方，其中有的针则指向北方。我家指南、指北的都有。磁石指向南方，和柏树的树枝指向西方一样，无法探究它的原理。

 **背景资料**

本文选自《梦溪笔谈》卷二十四《杂志一》。《梦溪笔谈》包括《笔谈》、《补笔谈》、《续笔谈》三部分。《笔谈》26卷，分为17门，依次为"故事、辩证、乐律、象数、人事、官政、机智、艺文、书画、技艺、器用、神奇、异事、谬误、讥谑、

江苏武城沈氏宗谱的沈括像

杂志、药议"。《补笔谈》三卷，包括上述内容中 11 门。《续笔谈》一卷，不分门。全书共 609 条（不同版本稍有出入），内容涉及天文、历法、气象、地质、地理、物理、化学、生物、农业、水利、建筑、医药、历史、文学、艺术、人事、军事、法律等诸多领域。

在这些条目中，属于人文科学例如人类学、考古学、语言学、音乐等方面的，约占全部条目的 18%；属于自然科学方面的，约占总数的 36%；其余的则为人事资料、军事、法律及杂闻轶事等，约占全书的 46%。

作者沈括（1031—1095），字存中，杭州钱塘（今浙江杭州）人，北宋科学家、政治家。他所记述的科技知识，具有极高价值，基本上反映了北宋的科学发展水平和他自己的研究心得，因而被英国学者李约瑟誉为"中国科学史上的坐标"。

本文依次介绍了指南针的四种使用方法：水浮法、指爪法、碗沿法、悬挂法。

思考题

1. 简述指南针指南的原理。

2. 课文介绍了指南针四种用法，自己试按其中的一种制作指南针。

🌐 链接

磁石与指南针

指南针是我国古代四大发明之一，是一种用来判别方位的简单仪器，常用于航海、大地测量、旅行及军事等方面。

与中国很多其他的发明相似，指南针的发明是我国劳动人民经过长期劳动实践的产物。在生产劳动中，人们接触了磁铁矿，开始对磁性质有所了解。人们首先发现的是磁石能够吸引铁的性质，后来又发现了磁石的指向性。通过漫长的试验和研究，终于制成了可以实用的指南针。

早在先秦时代，我们的祖先就已经积累了许多这方面的知识，他们在探寻铁矿时常会遇到磁铁矿，即磁石（主要成分是四氧化三铁）。这些特殊经历被记载下来了。《管子》中最早记载了这些发现："山上有磁石者，其下有金铜。"其他古籍如《山海经》中也有类似的记载。

关于磁石吸铁的特征，古人也多有记述。《吕氏春秋》："慈招铁，或引之也。"那时的人称"磁"为"慈"，他们把磁石吸引铁看作慈母对子女的吸引。磁石在汉代前也被写作慈石。另外民间传说（引者注：见《水经注》）秦始皇统一六国后，在咸阳附近修阿（ē）房（páng）宫，宫中有一座门就是用磁石做成，如果有人身穿盔甲，暗藏兵器，入宫行刺，就会被磁石门吸住。可见我们的祖先很早就掌握了一些磁学知识。

汉代人们虽然不知道磁体有两个极——N极和S极，也不知道同性极相互排斥、异性极相互吸引这些科学原理，但同性相斥、异性相吸的现象却是被观察到了。汉武帝时有个叫栾大的方士，利用磁石的这个性质做了两个棋子般的东西，通过调整两个棋子极性的相互位置，让两个棋子有时相互吸引，有时相互排斥。他把这个新奇的玩意献给汉武帝，汉武帝很高兴，栾大也得到了丰厚的回报。

指南针是利用了磁针在地磁场作用下能保持在磁子午线的切线方向上，磁针的北极指向地理的南极这一特性制作的指示方向的仪器。指南针的雏形最早大约出现在战国时期，它是用天然磁石制成的，样子像一把汤勺，圆底，可以放在平滑的"地盘"上并保持平衡，且可以自由旋转。当它静止的时候，勺柄就会指向南方。古人称它为"司南"。

春秋时代，人们已经能够将硬度5度至7度的软玉和硬玉琢磨成各种形状的器具，因此也能将硬度只有5.5度至6.5度的天然磁石制成司南。东汉时的王充在他的著作《论衡》中对司南的形状和用法做了明确的记录。司南是用整块天然磁石经过琢磨制成勺形，勺柄指南极，并使整个勺的重心恰好落到勺底的正中，勺置于光滑的地盘之中，地盘外方内圆，四周刻有干支四维，合成二十四向。这样的设计是古人认真观察了许多自然界有关磁的现象，积累了大量的知识和经验，经过长期的研究才完成的。司南的出现是人们对磁体指极性认识的实际应用。

但司南也有许多缺陷，天然磁体不易找到，在加工时容易因打击、受热而失磁。所以司南的磁性比较弱，而且它与地盘的接触处要非常光滑，否则会因转动摩擦阻力过大而难于旋转，无法达到预期的指南效果。

而且司南有一定的体积和重量，携带很不方便，这些可能是司南长期未得到广泛应用的主要原因。

在以后的岁月里，指南工具一直在被劳动人民进行着改进，东晋时已经有了关于指南鱼的记载。北宋时成书的《武经总要》中记载了指南鱼的制作方法，通过指南鱼的制作方法我们可以知道我国古代劳动人民已经掌握了人工磁化的方法。同样，生活于北宋的沈括在其《梦溪笔谈》中也向我们介绍了另一种人工磁化的方法。人工磁化方法的发明，对指南针的应用和发展起了巨大的作用，在磁学和地磁学的发展史上也是一件大事。

（选自《我的名字叫中国》，罗炳良、赵海旺著，华夏出版社 2009 年版。）

二 火药料

　　凡火药以消石^①、硫磺为主，草木灰^②为辅。消性至阴，硫性至阳，阴阳两神物^③相遇于无隙可容之中。其出也，人物膺^④之，魂散惊而魄齑粉^⑤。消性主直，直击者消九而硫一；硫性主横，爆击者消七而硫三。其佐使之灰，则青杨、枯杉、桦根、箬叶、蜀葵、毛竹根、茄秸之类，烧使存性，而其中箬叶为最燥也。

　　凡火攻，有毒火、神火、法火、烂火、喷火。毒火以白砒、硇砂^⑥为君^⑦，金汁^⑧、银锈^⑨、人粪和制。神火以朱砂^⑩、雄黄^⑪、雌黄^⑫为君。烂火以硼砂^⑬、磁末^⑭、牙皂^⑮、秦椒^⑯配合。

飞火以朱砂、石黄、轻粉⑰、草乌、巴豆⑱配合。劫营火则用桐油、松香。此其大略。其狼粪烟⑲昼黑夜红，迎风直上，与江豚灰⑳能逆风而炽，皆须试见而后详之。

（《天工开物》）

注释

①消石：即硝石，也称甲硝石。化学名称是硝酸钾，是一种强氧化剂，燃烧时呈青紫色的烟。

②灰：此处的灰应指炭，下同。

③神物：神奇的物质。

④膺：承受。

⑤齑粉：比喻粉身碎骨。齑，细，碎。

⑥硇砂：即氯化铵，块状黄白色，间带红褐色，玻璃光泽，味咸苦辛，有毒。

⑦君：此指主要成分。

卧车砲

旋风车砲

钦定四库全书

武经总要前集

卷十二

五四

砲五风旋

砲行車

钦定四库全书

武经总要前集

卷十二

五五

宋代《五经总要》中的各种"炮"

⑧金汁：即粪清，用棉纸过滤后贮藏一年以上的粪汁。

⑨银锈：提炼银矿时遗留在坩（gān）锅底的铜、铅质渣滓（zǐ）。

⑩朱砂：也叫辰砂，即硫化汞，色朱红。

⑪雄黄：亦称石黄，即四硫化四砷。

⑫雌黄：即三硫化二砷。

⑬硼砂：即十水四硼酸钠。

⑭磁末：瓷的碎片。磁，同"瓷"。

⑮牙皂：豆科皂荚属皂荚树的果荚，长 12—37 厘米，宽 2—4 厘米，状如镰刀，中医用来消肿排脓、杀虫治癣。

⑯秦椒：花椒，芸香科花椒的果实。是一种调味料。

⑰轻粉：由水银加工制成，主要成分是氯化亚汞。有毒，可供药用。

⑱巴豆：一种大戟（jǐ）科巴豆属常绿乔木的种子，含有巴豆油和毒性蛋白。

⑲狼粪烟：狼烟，我国古代边防报警的一种方法。沿边境和行军的大路旁，隔相当距离筑一座土台，派兵守望。遇到敌人进犯，离出事地点最近的土台用狼粪烧起浓烟，相邻的观察台见了马上相继点起烟柱，这样就

可很快地把警报传到统帅部门。

⑳江豚灰：用江豚骨头烧制的灰。江豚，也叫江猪，是一种水生哺乳动物，栖息于温带至热带的淡水港湾中。属于国家二级保护动物，濒危物种。

译文

　　火药以硝石、硫磺为主，木炭为辅。硝石性极阴而硫磺性极阳，这两种极阴、极阳的物质在没有多余空间的地方相遇，爆炸起来，人或动物承受到时都会魂飞魄散而粉身碎骨。硝石性质主要是直爆（纵向爆炸），直爆的火药中硝占十分之九而硫占十分之一。硫磺（性质）主要是横爆（横向爆炸），所以爆炸性火药中硝石占十分之七而硫磺占十分之三。作为辅助剂的炭，是用青杨、枯杉、桦根、箬竹叶、蜀葵、毛竹根、茄秆之类烧成炭，其中箬叶制成的最为猛烈。

　　火攻用的火药有毒火、神火、法火、烂火、喷火等。毒火药以砒霜、硇砂为主，再与粪汁、银锈、人粪和在一起。神火药以朱砂、雄黄、雌黄为主。烂火则以硼砂、瓷屑、牙皂、秦椒配合。飞火以朱砂、石黄、轻粉、草乌、巴豆配合。劫营火是用桐油、松香。这是大略的情况。

至于狼粪烟，白天黑、晚上红，能迎风直上。还有江豚灰，能逆风而燃。这些特性都需要试验、亲见，而后才能明了。

背景资料

本文选自明宋应星《天工开物》卷十六《火药料》。《天工开物》是世界上第一部关于农业和手工业生产的综合性著作，是中国古代一部综合性的科学技术著作，有人也称它是一部百科全书式的著作，记载了明朝中叶以前中国古代的各项技术。

全书分为上、中、下三篇18卷，并附有121幅插图，描绘了130多项生产技术和工具的名称、形状、工序。外国学者称它为"中国17世纪的工艺百科全书"。

作者宋应星（1587—? ），字长庚，奉新县（今属江西）人。明朝末年科学家。

思考题

1. 描述中国古代一次以火攻取胜的著名战争。

2. 在日常生活中，还有哪些物品利用了火药的特性？

链接

火药的运用

大约 10 世纪初叶，由硝石、硫黄和木炭混合而成的某种易燃易爆物品，悄然从方术之士的炼丹房进入古代中国的兵器制作场。在世界范围的兵器史上，这是人类从冷兵器时代向使用火器的全新时代过渡的重要开端。但是，生逢其时的两宋文人，虽然作诗时推尚遣词用事"无一字无来处"，却似乎没有一个人想到要探究一下这种致爆物究竟是如何被发现的。现代的人们，也只是从"火药"这个名称和几种炼丹书的字里行间，才得以推知它与"服饵"之道的渊源关系。

从字面上讲，"火药"的意思，即"会着火燃烧的药"。古人把药分为上、中、下三品，"上药令人身安命延。……中药养性。下药除病"。丹砂之类的上药，因此成为方士们合炼"长生"仙丹的主要用料。他们隐居于名山崇岳，用丹砂、金银、"众芝、五玉、五云"等等，配以其他各色药石，"合金丹之大药，炼八石之精英"。方士们经年累月，有的甚至"养火数十年"，企盼着能造出"开炉五彩辉神室，入腹三魂返洞天"的奇效仙药。这种合还丹之术，与追求"点铁成金"的"黄白术"互为发明，于是在对各种药石、金属施以"伏火"（即用一定火候对被试物及其配料加热）等法，使之改变某些性状的过程中，炼士们反复观察到这些物质间相互作用所导致的一系列化学反应。强烈的化学作用时常引起冲天大火，故"以烧炼破家者"代不乏人，丹灶遂被称为"火花娘"。可能正是炼药惹发大火的灾患，将这些充满创造性幻想的中古神秘主义化学家，逐渐推上发现火药的道路。

　　五六世纪之际，陶弘景已知道根据点燃后是否呈青紫焰来区别真硝和"朴硝"（硫酸钠）。一百多年后，孙思邈在《丹经内伏硫黄法》里，最先载录以硝石、含炭植物皂角及生、熟木炭为硫磺"伏火"的方法；不过当时人们还不知道自己其实已配成火药。又过了大约一二百年，成于中唐的炼丹书《真元妙道要略》，即以非常确定的口气告诫说，以硝石、雄黄、硫磺和蜜（着火后会释放二氧化碳）相合点燃，会引发强烈的火焰，乃有因此而"烧手、面及烬屋舍者"。这段记载，被认为是已知的第一个"原初火药"的配方单。

　　从唐末到宋初之间，这种能引起焰火的药石方子，从术士传到兵器家的手中，并很快就被用于实战；"火药"的名称亦开始广为人知。北宋前期已出现专制火药的制作场，撰写于1044年的《武经总要》，记载了当时已投入实战的三种火器的药方。这是现知最早见于文献的真正的火药配方。

北宋时火药的含硝量还很低。这时候的火器，主要用来延烧敌阵，及布散烟幕、毒气。到南宋与金王朝对峙期间，爆炸性火器"铁火炮"（又名"震天雷"，即掷向敌营的火药铁罐）在双方军队中都渐见普及；用竹管或"敕黄纸"管子填入含硝或不含硝药料，一经点火便"焰出枪前"的管火器"火枪"，也在这时投入战争。宋人关注火药火器，不仅由于它在实战中已发挥一定的杀伤力，而且也因为它对敌方的恫吓作用。他们对霹雳炮、震天雷之类火器"声如霹雳"、"其声如雷，闻百里外"的效应叹服不已，甚至以为爆炸的声音就可以将敌人"惊死"。这种传统的用意影响后来几百年，故元朝后期一具铜手铳上铸有铭文曰："射穿百孔，声振九天。"火器先声夺人的威慑力，被看得与它的侵彻力同等重要。晚至明朝的军队，还在作战中使用一种"纸糊圆炮，不过震响一声而已"。明末的宋应星也提到过,火药爆炸的"惊声"可以杀人。

火药较大规模地应用于攻坚、野战和火战,大概始于元末明初。撰于明代初叶的兵书《火龙神器阵法》,载录了十余种常用火器的火药方子,其中有些已相当接近于近代黑火药的配方。用铜铳射出的"飞炮",由实心弹发展为开花的爆炸弹;喷筒、火药筒则成为海上"御寇之切要"。明代前期,重达四五百斤的火铳已颇为常见。但是,这一类火器装填弹药缓慢费时,发射间隙太长;尽管正统年间出现用合成单管铳原理改制而成的两头铳、多管铳,其实作战效力仍很有限。此后直到明朝中后叶西方枪炮传入时,中国火器的形制再未见大的改观。在"以机巧为戒"的普遍文化背景下,个别部门的技术发展,难免要受到心有余而力不足的限制。另外在当时人们的观念里,火器"可以代矢石之施,可以作鼓角之号,可以通斥堠(hòu)之信。一物而三用俱焉,鸣呼神矣"!火器在作战中仅能替代矢石鼓角的认识,是否也局限着进一步设法去提高其战术性能的技术发展?抑或相反,是当时火器战术性能的局限性本身导致了上述认识？更可能的是，二者之间实际上互为因果。

从明嘉靖迄于近代，中国的火器制作差不多一直是在西洋枪炮的影响下发展的。16世纪前期，葡萄牙人使用的"佛朗机铳"传入中国。该机的炮管由子、母二铳套置而成。母铳管长达五六尺；内置可拆卸的子铳，中实药弹。弹发后可将子铳退出，另以预先装填弹药的备用子铳置入母铳，继续点放。子母铳构造正好弥补了中国火器装填、点火缓慢的弱处。明军于是逐渐放弃旧铳，仿造并进而改制佛朗机铳。得自日本的鸟铳，管背有雌雄二臬（niè，准星），用之击鸟，"十发有八九中。即飞鸟在林，皆可射落，由是得名"。鸟铳很快获得推广，成为明军最得力的火器之一。嘉靖年间，为抗御混杂着日本浪人和中国海盗的持有火器的倭寇，戚继光在沿海编练抗倭步兵营、骑兵营和车营，军中配置火器的兵士占全体战斗人员一半弱。明末又获得荷兰的"红夷炮"，时人以为它"更为神奇，视佛朗机为笨物"，其大者重五千斤。它是清军在征服全国的战争中应用的主要攻城战具。

到清代中叶，中国火器进一步落后于西方。在鸦片战争及后来的一系列对外战争中，脱胎于佛朗机铳、红夷炮之类的清军火器，在面对新式的洋枪洋炮时黯然失色。从同治中叶开始，西洋的后膛式枪炮引入中国。中国军队遂得采用现代枪炮，以逐渐地更新自己的火器装备。

明清两代令中国人刮目相看的西洋火器，最初却是由于中国火药的西传而发展起来的。大约 13 世纪之初，中国的硝石传入西亚，因而在穆斯林世界有关硝石的诸多较早的名称里，有所谓波斯语"中国雪"、阿拉伯语"中国盐"者。它起先用于入药，也用作烟火的发药。当地用它配制军事用火药，最早见于 1280 年以后撰成的一部兵书《马术与战争谋略全书》。蒙古在西征中曾在西亚等地使用他们从中原得到的火药火器。1253 年，旭烈兀以皇弟身份领兵征讨阿拉伯帝国，随行军队中就有一支从中原征发的"naft 抛射军"。阿拉伯语词汇 naft 原指美索不达米亚的沥青纯品，后移指以它为主要成分的军用火焰喷射液"希腊火"；硝石西传后，naft 又相继被用以指称硝、烟火发药和爆炸火药。出自华北的这支 naft 抛射军使用的火器，无疑是乌马里在他的《眼历诸国行纪》里提到过的装填火药巴鲁德的"naft 罐子"，也就是另一种穆斯林史料记述的蒙古人在巴格达城下施放的

"铁瓶"，亦即中国的铁火炮或"震天雷"。军事上使用火药致爆，是否就是由这支留驻在伊朗的中原 naft 抛射军传授给穆斯林世界的呢？

至于西欧，则应是从穆斯林世界辗转获得火药火器的。欧洲文献有关火药的确切记载，始于 13 世纪晚期；而普遍地应用火药于军事，更是 14 世纪的事情了。

西洋火器后来居上，其精巧锐利超过中国，在很大程度上得益于 18 世纪在资本主义世界开始的工业革命。而清王朝坚持的"骑射乃满洲之根本"的国策，以及曾国藩在所谓"凡兵勇者须有宁拙毋巧、宁故毋新之意，而后可以持久"的典型议论中所代表的正统派士大夫的治军方略，或许也促进着上述差别的扩大。就是在 18 世纪末叶，英使马嘎尔尼在广东向清朝封疆大吏演示每分钟响二三十记的火枪。他大出意料地发现，在场的中国官员都反应漠然，"若无足轻重"。于此亦可见中国火器之所以落后的部分原因。

（选自《读史的智慧》，姚大力著，复旦大学出版社 2010 年版。有改动。）

三　活　板

　　板印①书籍，唐人尚未盛为之，自冯瀛王②始印五经③，已后④典籍，皆为板本。

　　庆历⑤中，有布衣⑥毕昇⑦，又为活板⑧。其法用胶泥刻字，薄如钱唇⑨，每字为一印，火烧令坚。先设一铁板，其上以松脂、腊和⑩纸灰之类冒⑪之。欲印，则以一铁范⑫置铁板上，乃密布字印⑬。满铁范为一板，持就火炀⑭之，药稍熔，则以一平板按其面，则字平如砥⑮。若止⑯印三二本，未为简易；若印数十百千本，则极为神速。常作二铁板，一板印刷，一板已自布字。此印者才毕，则第二板已具⑰。更互⑱用之，瞬息⑲可就。每一字皆有数印，如"之"、"也"等字，每字有二十余印，以备一板内有重复者。不用，则以纸贴之，每韵为一贴，木格贮之。有奇字⑳素㉑无备者，旋㉒刻之，以草火烧，瞬息可成。不以木为之者，木理有疏密，沾水则高下不平，兼与药相粘，不可取。不若燔土㉓，用讫㉔再火令药熔，以手拂之，其印自落，殊不㉕沾污。

昇死，其印为予群从㉖所得，至今保藏。

（《梦溪笔谈》）

注释

①板印：指雕版印刷。

②冯瀛王：即冯道（882—954），五代时的大官僚，曾在后唐、后晋、后汉、后周几个朝代任相当于宰相职

![中国文化读本 ZHONGGUO WENHUA DUBEN]

槽版图

刻字图

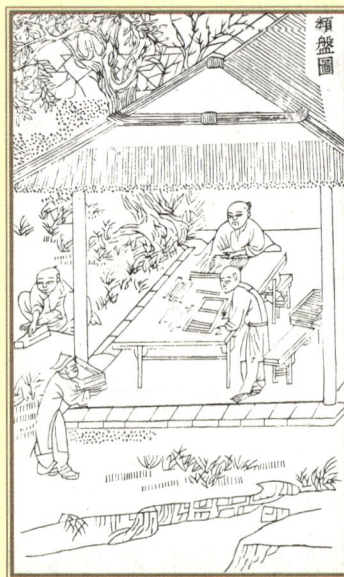

类盘图

套格图

夹条顶木中心木总图

字柜图

成造木子图

务的官职，死后追封为瀛王。

③五经：指《礼》、《易》、《诗》、《书》、《春秋》五部儒家典籍。

④已后：以后。

⑤庆历：宋仁宗赵祯年号（1041—1048）。

⑥布衣：布制的衣服，借指平民。古代平民不能穿锦绣衣服。

⑦毕昇：（？—1051）宋代人，我国古代活字印刷术的发明者。

⑧活板：用活字排成的印刷板。

⑨钱唇：钱的边缘。

⑩和：搅拌。

⑪冒：覆盖。

⑫铁范：铁框。范，模子。

⑬字印：指单个的胶泥字，字模。

⑭炀：烘烤。

⑮砥：质地较细的磨刀石。

⑯止：通"只"。

⑰具：准备完毕。

⑱更互：交替，轮流。

⑲瞬息：形容极短的时间。

⑳奇字：特殊的字，不常用的冷僻字。

㉑素：平常，平时。

㉒旋：立即。

㉓燔土：烧过的泥。

㉔讫：完了。

㉕殊不：一点也不。

㉖群从：指堂兄弟及诸子侄。从，次于最亲的亲属，堂房亲属。例如称堂兄弟为从兄弟，伯叔父为从父。

译文

　　用木刻板印书籍，唐朝人还没有广泛采用。从五代时冯道印五经开始，以后的书籍，才全都采用木刻板印刷。

　　庆历年间，平民毕昇又发明了活字印刷。他的方法是用胶泥刻字，字画凸起的高度像铜钱的边缘那样厚薄，每一字做成一个印，用火把印烧硬。先放一块铁板，在上面涂一层松脂、蜡和纸灰等制成的混合物。要印的时候，便将一个铁制的框子放在铁板上，在其中密密地排列字印。排满了铁框就成了一板，拿到火上去烤，等到混合物稍微熔化，就用一块平板压在字面上，这样各个字印就像磨刀石一样平了。如果只印两三本，这种方法还不算省事；如果要印数十本乃至上百千本，那就非常快速。通常是准备两块铁板，一块板在印刷，另一块板进行排字；这一块板才印完，第二块板就已准备好了。两块板这样交替着使用，很快就可以把书印好。每一个字都制有好几个印，像"之"、"也"等常用字，每个字就有二十几个印，以备同一板里重复使用。不用时，把活字按韵分类，装在木格子里贮存起来，每韵外面用纸签标明。遇到不常备的特殊字，就立即刻制，用草火一烧，转眼可做好。之所以不用木料做字印，是因为木料的纹理有疏有密，沾水以后便会高低不平，加上和混合物粘在一起，取不下来。不像烧泥做的字印，用完后再用火烤使混合物熔化，用手一拂，字印自己就会脱落，绝不会沾污。

　　毕昇死后，他的字印被我的堂兄弟们得到，到现在还收藏着。

背景资料

本文选自沈括《梦溪笔谈》卷十八《技艺》。在我国历史上，沈括是唯一记载了毕昇活字印刷术的人。因此，这是一篇极其珍贵的历史文献。毕昇所创造发明的胶泥活字，是我国印刷术发展中的一个根本性的改革，是对我国劳动人民长期实践经验的科学总结，对我国和世界各国的文化交流作出了伟大的贡献。

外国对活字印刷术的记载，通常以德国人谷登堡于1445年发明金属活字印刷为首创，此说尚无定论，即使属实，也比毕昇的胶泥活字印刷迟四百多年。

思考题

1. 在橡皮上刻一个自己喜欢的字，沾些颜料压在纸上，体会"印刷"的乐趣。

2. 如果有条件，到博物馆或图书馆观赏一本古籍，记下书名、朝代、作者。

链接

谷登堡——欧洲活字印刷术的发明者

谷登堡出生在一个没落贵族家庭，为了谋生，他做过金匠、制镜工匠。这些经历使他具备了相当的冶金知识，为日后发明活字合金奠定了基础。谷登堡于1438年开始研究活版印刷术，制作金属活字；1448年改进自己发明研制的字模，浇铸铅合金活字。从1450年起，与富商福斯特合伙经营印刷所，大约在1455年，印成了西方第一部活字印刷的完整书籍——《四十二行圣经》。后来二人发生纠纷而法庭相见，弄得谷登堡倾家荡产。由于美因茨市长胡默里的支持，他得以继续进行印刷活动，并取得巨大成就。

谷登堡不仅发明了铸字盒、冲压字模，还提出了完整的印刷生产工序。当时金属制版所用的材料主要是铅锡合金，加入一定量的锑能提高活字强度，谷登堡的重要功绩之一就是最终确定了合金中三种金属的比例搭配。这种合金既容易浇铸成型，又经久耐用，被称作"活字合金"或"铅字合金"，因为在所用的三种金属中，铅是最主要的一种。

谷登堡受当时压榨葡萄汁的立式压榨机的启发，研制成世界上第一台印刷机。然而遇上了难题，就是传统的水性墨用在雕版印刷中还可以，在活字印刷中印出的字迹却浓淡不均，若是采用黏稠度高的油性墨效果或许会好一些。经过反复试验，谷登堡发现将松节油精与炭黑混合后加入煮沸的亚麻仁油搅匀，用这种方法制成的墨，印出的字迹色泽较好，而且非常适合大量印刷。至此，一整套活字印刷技术便告完成，更重要的是他还创制了一套高效率的生产方法。在人类文明的发展进程中，谷登堡功不可没。现在（德国）美因茨市中心有一个谷登堡广场和一座谷登堡的铜塑雕像，他是美因茨市的象征和骄傲。

（选自《外国100位科技精英》，潘海军，谈笑编著，吉林人民出版社2008年版。）

谷登堡轶事

在研制金属制版所用的材料过程中，谷登堡做了许多试验，这需要大量的资金投入，常常吃不饱饭的谷登堡后来得到富翁福斯特的资助，协议好二人对半分成。后来，年轻机灵的舍费尔加入进来，他擅长封面设计和图书装帧，对于活字铸造、合金选配等都有所贡献。这三人，有钱的出钱，有技术的出技术，本是非常融洽的合作组，可福斯特把舍费尔招为女婿后，三驾马车的均势便打破了。翁婿俩想独霸财产，状告谷登堡借钱不还。结果，谷登堡负债累累，除了脑子里装的印刷技术，一贫如洗。

谷登堡逝世 400 周年时，人们在法兰克福为他塑造了全身像，旁边是福斯特和舍费尔，恩恩怨怨的三个人就这样永远相聚在一起。

四 纸 料

　　凡纸质用楮树①（一名榖树）皮与桑穰②、芙蓉膜③等诸物者为皮纸，用竹麻④者为竹纸。精者极其洁白，供书文、印文、柬启用⑤；粗者为火纸⑥、包裹纸。所谓"杀青"，以斩竹得名；"汗青"，以煮沥得名；"简"，即已成纸名⑦，乃煮竹成简。后人遂疑削竹片以纪事，而又误疑韦编为皮条穿竹札也。秦火未经时，书籍繁甚，削竹能藏几何？如西番用贝树造成纸叶，中华又疑以贝叶书经典。不知树叶离根即焦，与削竹同一可哂⑧也。

（《天工开物》）

《天工开物》中的造皮纸图

注释

①楮树：桑科的构树，其韧皮纤维是造纸的高级原料，材质洁白，古代又称为榖。《诗经·小雅·鹤鸣》："其下维榖。"

②桑穰：造纸者一般称桑皮的韧皮部为桑穰。桑通指桑科的桑属，但中国桑树有若干变种。穰，本意指禾秆，但古代多以桑皮造纸，不用其杆。

③芙蓉膜：锦葵科木芙蓉的韧皮。

④竹麻：一种没有成竹而"夭折"的竹类，也指竹梢和不能用的竹子，可以利用其竹纤维来造纸。

⑤书文、印文、柬启：写字、印书、写书信文书。

⑥火纸：一种粗质纸，旧时多用以制作纸钱，供焚烧用，故称。

⑦所谓"杀青"，以斩竹得名；"汗青"以煮沥得名；"简"即已成纸名：此处作者把后人对"杀青"、"汗青"和"简"含义的理解当作这些词的本来含义。其实，"杀青"是古代制竹简程序之一。将竹火炙去汗后，刮去青色表皮，以便书写和防蠹（dù）。《太平御览》卷六〇六引汉刘向《别录》："杀青者，直治竹作简书之耳。新竹有汁，善朽蠹。凡作简者，皆于火上炙干之。""简"指古代用以写字的竹片。古代没有纸，所以字写在竹片或木片上，这种竹片就叫简，木片叫札。纸发明后，写在纸上的书信亦称简或信札。作者认为自古以来"杀青、汗青、简"便与纸有关，这是不妥的。

⑧哂：讥笑。

译文

凡是用楮树（另一个名字叫穀树）皮与桑皮、木芙蓉皮等皮料造出的纸，叫皮纸。用竹纤维造的，叫竹纸。上等的纸极其洁白，供书写、印刷、书信、文书之用。粗糙的纸做火纸和包裹纸。所谓"杀青"，是从砍竹而得到的名称，"汗青"则从蒸煮而得名，"简"是指已制成的纸。因为煮竹成简（纸），后人就误以为削竹片可以记事，更误以为"韦编"的意思就是用皮条穿在竹简上。秦始皇未焚书以前，有很多书籍，如用竹片记事，又能记多少东西？还有，西域国家有用贝树造成贝叶，中国又有人认为贝叶可用来写佛经。岂不知树叶离根就会焦枯，这种说法与削竹片记事的说法是一样可笑的。

背景资料

本文选自《天工开物》卷十三《杀青》。本卷除了介绍造纸原料，还介绍了竹纸和皮纸的制作方法。

思考题

1.仔细阅读"链接"里的内容,简单归纳中国古代文字载体的演变。

2.本文介绍明代制作纸的原材料,上网查查我们现在用的纸都有哪些成分。

链接

书写工具的突破——蔡伦改进造纸术

纸是知识信息的物质载体和传播的媒介,在社会的发展中起着重要的作用。在出现了许多现代的信息载体后,其作用还是不可或缺的,至今仍被广泛使用。造纸术作为我国四大发明之一,是我们中华民族的骄傲,为人类的进步作出了巨大贡献。

在纸没发明之前,记录事物多刻在龟甲、兽骨上,像河南殷墟便出土了许多刻有文字的龟甲、兽骨。人们也经常将文字刻在金石之上,如一些钟鼎文、碑刻等。后来人们又将文字写在竹简、木简上,相对来说简单了一些，但携带起来却很笨重，阅读也不方便。像秦始皇当时每天批阅的竹简达 120 斤，而汉武帝时东方朔的一篇奏章竟用了 300 多斤竹简，要由两个强壮的武士才能抬进宫去。当时虽有了丝织品，也可以用来写字，但因为价格昂贵，很少使用。

随着社会经济的不断发展，迫切需要轻便而且廉价的记录信息的物质载体，纸在这种情况下应运而生了。据考古发现，早在西汉初人们便开始使用纸，甘肃天水、西安东郊古墓都有此时期的纸出土，这些纸比较厚重、粗糙，原料不易找，没能推广开来。

纸到底是何时出现的呢？现在可以肯定，早在西汉初年，我国就已经发明了纸。1957 年在西安灞（bà）桥一座西汉墓葬里，发现了一叠麻纸，其年代为公元前 2 世纪，这是目前发现最早的植物纤维纸。20 世纪 30 年代至 70 年代，还多次发现过西汉宣帝时的纸。

东汉学者应劭的《风俗通义》记载说：光武帝刘秀于公元 25 年迁都洛阳时，载索、简、纸经 2000 斤。这证明东汉初已用纸大量抄写经文。

东汉时期，宦官蔡伦改进了造纸术。他是个很有学问的人，在任尚方令时负责监造宫廷里用的各种器械，任务完成得很出色。他所领导的场所是个人才集中的地方，当时最先进的冶炼、金属加工、艺术创作等方面的人才都在这里工作。这为蔡伦丰富知识、开拓眼界、学习科学技术提供了极好的机会。

那时，社会开化程度已经很高，文化也比较发达，这种形势显然加速了对纸的需求。蔡伦在前人的基础上，带领工匠们用树皮、麻头、破布和破鱼网等原料来造纸。他们先把树皮、麻头等东西弄碎，放在水里浸泡一段时间，再捣烂成浆状物，经过蒸煮后在席子上摊成薄片，放在太阳底下晒干就成了纸。

用这种方法造出来的纸，体轻质薄，很适合写字。公元105年，蔡伦把这种新的书写材料呈给汉和帝，受到皇帝的称赞，这种新式造纸法开始在全国普及。尽管早在蔡伦之前200年就有了纸，但纸还是在蔡伦之后才大规模生产和流行开来。由于蔡伦曾被封为"龙亭侯"，所以他造的纸也被称为"蔡侯纸"。

到了公元3世纪以后，纸已经成为中国最主要的书写材料，有力地促进了科学文化的传播和发展。从3世纪到 6 世纪的魏晋南北朝时期，造纸术又不断革新。在原料上，除了原有的麻、楮外，又有桑树皮、藤皮造的纸。设备上也出现了活动的帘床纸模，用一个活动的竹帘放在框架上，可以反复捞出成千上万张湿纸，提高了效率，减少了消耗。在加工技术上，加强了碱液蒸煮和舂捣。纸的品种有了较大改进，出现了色纸、涂布纸、填料纸等。这一历史阶段的纸也有保存到现在的，这些纸纤维交布匀细，外观洁白，表面平滑。同时，有些著作中专门记载了造纸原料的处理和染色纸的技术。

隋唐时期，我国除了麻纸、楮皮纸、桑皮纸、藤纸外，还生产出檀皮纸、稻麦秆纸和新式竹纸。南方多竹，因此竹纸制造得到迅速发展。由于这一时期雕版印刷术兴起，印书业出现，极大地促进了造纸业的发展。纸的产量、质量都有提高，价格也不断下降。唐以前，绘画一般用的是绢布，而唐以后纸本的绘画大量出现。

随着造纸业的发展，造纸的理论著作也越来越多。宋代有《纸谱》，元代有《纸笺谱》，明代有《楮书》。明代宋应星的《天工开物》，对古代造纸技术多有记载，还附有操作图。这是有史以来对造纸技术最详尽的记载。

　　造纸术在 7 世纪通过朝鲜传入日本，8 世纪中叶经中亚传到阿拉伯。那时阿拉伯统治着西亚和欧洲大部分地区，于是造纸术也跟着传入欧洲。

　　12 世纪，欧洲的西班牙和法国最先建立了造纸厂，13 世纪意大利和德国也相继出现了造纸厂。16 世纪时，纸张已经在全欧洲使用，终于彻底取代了使用几千年的羊皮纸和埃及莎草。

　　造纸术的传播，使科学文化知识得到进一步推广。正因为有了纸，人类的文化才一代代流传下来；正因为有了纸，人类才开创着日益美好的生活。

　　蔡伦因改进造纸术，对人类文化作出了重大贡献，但他的最终结局很是不幸。东汉后期，宫廷内部争斗十分激烈，蔡伦 116 年封龙亭侯后，参与中枢机密，在各派势力（主要是宦官和外戚）角逐中败北，于公元 121 年服毒自杀。

　　（选自《科学上下五千年》，张海军、王立美主编，内蒙古少年儿童出版社 1999 年出版，文字有改动。）

五 黄道婆

闽、广①多种木绵②，纺织为布，名曰吉贝③。松江府④东去五十里许，曰乌泥泾jīng⑤。其地田土硗qiāo瘠⑥，民食不给，因谋树艺⑦，以资生业⑧。遂觅种于彼。初无踏车、椎chuí弓⑨之制，率用手剖去子⑩，线弦竹弧⑪置案间，振掉成剂⑫，厥jué⑬功甚艰。

国初⑭时，有一妪yù⑮名黄道婆者，自崖州⑯来，乃教以做造擀gǎn⑰、弹、纺、织之具，至于错纱配色⑱，综线挈qiè花⑲，各有其法。以故织成被、褥rù、带、帨shuì⑳，其上折枝、团凤、棋局、字样㉑，粲càn然若写㉒。人既受教，竞相作为，转货㉓他郡，家既就殷㉔。

　未几㉕，妪卒，莫不感恩洒泣而共葬之，又为立祠，岁时享之㉖。越㉗三十年，祠毁，乡人赵愚轩重立。今祠复毁，无人为之创建。道婆之名，日渐泯灭无闻矣。

（《南村辍耕录》）

注释

①闽、广：今福建、广东、广西一带。

②木绵：木棉，又名攀枝花、红棉树、吉贝，是一种在热带及亚热带地区生长的落叶大乔木，高10—25米。宋郑熊《番禺杂记》载："木棉树高二三丈，切类桐木，二三月花既谢，芯为绵。彼人织之为毯，洁白如雪，温暖无比。"当代有学者认为其木棉絮为黄褐色，可作填充料，但不能用于纺织棉布。此处"木棉"当是"草棉"之误。

③吉贝：从唐代起，印度的草棉传入中国，南宋时

《天工开物·调丝》中的调丝图、纺纬图

开始生产棉布，广东的雷、化、廉三州最先发展，这种棉布名叫吉贝。

　　④松江府：今上海吴淞江以南地区，明清时是全国纺织业中心。

　　⑤乌泥泾：在今上海徐汇区华泾镇。

　　⑥硗瘠：土地不肥，不宜种粮。

　　⑦树艺：种植（棉花）。

⑧以资生业：以求有助于谋生。

⑨踏车：轧棉机。椎弓：椎子和弓，弹花的工具。

⑩率：大都。去子：除去棉籽。

⑪线弦竹弧：用丝弦和竹片制作的弹花工具。

⑫振掉：摇动并甩去。剂：经配合而成的东西，这里指去籽后可供纺纱的棉花。

⑬厥：其。

⑭国初：指元朝初年。

⑮妪：老妇。

⑯崖州：今海南省三亚市崖州区。

⑰擀：用铁棍轧去棉籽。

⑱错纱配色：用彩色纱线交织成纹理。

⑲综线挈花：用纱线编织成提花。

⑳帨：佩巾，即手帕。

㉑折枝：花卉画法之一，不画全株，只画连枝折下来的部分。团凤:绘凤盘屈作圆形，称团凤。棋局:棋盘。字样：文字图案。

㉒粲然：鲜明的样子。写：画。

㉓货：贩运。

㉔就殷：趋于富足。

㉕未几：不久。

㉖岁时享之：逢年过节都祭祀她。

㉗越：过了。

 **译文**

　　福建、广东、广西地区大多种植木棉，纺织成布，叫做"吉贝"。松江府（今属上海）向东大约五十里地，叫做乌泥泾。这里的土地贫瘠，百姓种田不够吃饭，因此学习种植木棉，借以谋生，所以到福建、广东地区寻求种子。起初没有踏车、椎弓等设备，全部用手剥掉棉籽，用线作弦，用竹子做弓，放在桌案间，用手指弹拨成皮棉，非常辛苦费力。

　　元朝初期（也说是南宋末年），有一位老妇人叫做黄道婆，从崖州（今属海南）来到松江府，教给人们制作方便弹棉花、纺织的工具；至于纺织不同的棉纱、配置颜色，布置纱线组成图案，都有各自不同的技巧。所以织成的被褥、衣带、手绢，上面的折枝、团凤、棋局、字样，清清楚楚就像画上的一样。人们得到她传授的技艺以后，争相操作；产品转卖到别的地方，家里就殷实富裕了。

　　没多久，黄道婆去世了，人们没有不感恩哭泣的，共同安葬了她，又给她立祠，逢年过节就祭祀她。过了三十年，祠堂毁掉了，当地人赵愚轩重新给她立祠。现在祠堂又坏掉了，没有人再给她修建了。黄道婆的名字，渐渐消失不被人所知了。

背景资料

　　本文选自陶宗仪《南村辍耕录》卷二十四。陶宗仪，字九成，号南村，浙江黄岩人，元末明初文学家和史学家，长期隐居松江。相传他每当空暇，常在树阴下摘采树叶作笔记，十年间积满十几盆，抄录成《辍耕录》三十卷，很多是和元代社会有关的历史、文学、科学资料。

　　本文记载的是黄道婆把当时海南岛先进的纺织工具和技术带到松江，促进经济发展的事迹。

思考题

　　1. 黄道婆在棉纺织技术方面有哪些创新？

　　2. 实地参观或者在网络上查找"纺车"。

中国文化读本
ZHONGGUO WENHUA DUBEN

链接

黄道婆

　　黄道婆也称黄婆、黄母，已不知其名。生活在宋末元初。松江府乌泥泾（今上海市徐汇区华泾镇东湾村）人。古代棉纺织技术革新家。相传道婆年轻时流落崖州（今海南三亚市崖州区），从当地人民那里学会棉纺和织布技艺。约在元成宗元贞年间（1295—1297）返回故里向乡民推广、传授棉纺技术，制作擀、弹、纺、织工具。同时，对这些纺织工具进行了改革。把踏车改为手摇轧棉的"搅

明朝的纺织年画

48

黄道婆年画

车"，把尺余长的指拨弦椎弓改为四五尺长的绳弦。用檀木槌敲击的大椎弓，后远传至日本，称为"唐弓"。针对棉纱粘度高，纺时人手牵伸不及、纱易迸断的情况，缩小麻、丝三锭脚踏纺车的竹轮直径，调整脚踏木棍支点和竹轮偏心距，制成一手纺三根纱的三锭纺棉车。去籽、弹花、纺纱三道工序的效率因此提高数倍。汲取黎族织造"崖州被"的经验，发展汉族民间的传统织造工艺。织布讲究"错纱配色、综线挈花"技法；被、褥、带、帨等织物，有折枝、团凤、棋局等图案。花纹精美、光彩夺目、具有江南特色的乌泥泾被，可与"崖州被"媲美。一时乌泥泾名闻全国，千户农家和手工业者赖此为生，丰衣足食。松江、青浦等地棉花种植也随之发展，博得"松郡棉布，衣被天下"的美誉。

（选自《上海农业科研志》，章道忠、孙国强主编，上海社会科学院出版社 1996 年版，文字有改动。）

黄道婆祠堂

黄道婆祠堂位于徐汇区龙吴路上海植物园内。元代纺织技术革新家黄道婆去世后，乡人为之营葬并立祠。

本祠建于清雍正八年（1730），光绪二十八年（1902）重修。为一三间瓦房，前有门厅。祠内原有黄道婆塑像、祭台等，"文化大革命"中被毁。20世纪80年代初，上海植物园扩充，该祠被划入园内。1991年改设黄道婆纪念堂，陈列黄道婆画像及有关黄道婆的生平事迹的文

上海植物园黄母祠的黄道婆雕像

献、实物和图照。祠外辟有棉圃，种植棉花，还有长廊、仰黄亭、莲花池、上智舫等。

六　华佗治病

佗行道①，见一人病咽塞②，嗜^{shì}③食而不得下，家人车载欲④往就医⑤。佗闻其呻吟⑥，驻⑦车往视，语之曰："向来道边有卖饼家蒜齑^{jī}⑧大酢^{cù}⑨，从取三升饮之，病自当去⑩。"即⑪如佗言，立吐蛇⑫一枚，县^{xuán}⑬车边，欲造⑭佗。佗尚未还⑮，小儿戏门前，逆⑯见，自相谓曰⑰："似逢我公，车边病是也。"疾者前，入坐，见佗北壁县此^{xuán}蛇辈约以十数。

（《三国志》）

河南许昌城北的华佗墓

注释

①道：路。

②咽塞：堵住，这里指寄生虫堵住喉咙。

③嗜：爱好，喜爱。

④欲：将要。

⑤就医：求医治病。

⑥呻吟：因痛苦而发出的声音。

⑦驻：停止。

⑧蒜齑：蒜泥。齑：细，碎。

⑨酢：同"醋"。

⑩去：除掉，去掉。

⑪即：立刻，马上。

⑫蛇：这里指一种外形像蛇的肠道寄生虫。

⑬县：通"悬"，挂。

⑭造：到……去。

⑮还：返回。这里指回家。

⑯逆：迎面。

⑰自相谓：自言自语。

译文

　　华佗行在路上，看见一个人患咽喉堵塞的病，想吃东西却吃不下，家里人用车载着他想去求医。华佗听到病人的呻吟声，停下车马去诊视，告诉他们说："刚才我来的路边上有家卖饼的，有蒜泥和大醋，你向店主买三升来喝下，病痛自然会好。"他们马上照华佗的话去做，病人喝下后立即吐出蛇（这里指一种寄生虫）一条，把虫悬挂在车边，想到华佗家去（拜谢）。华佗还没有回家，他的小孩在门口玩耍，迎面看见他们，便自言自语说："像是遇见我父亲了，车边挂着的'病'就是证明啦。"病人上前，进屋坐下，看到华佗屋里北面墙上悬挂着这类寄生虫的标本大约有几十条。

背景资料

选自《三国志·魏书·方技传》。《三国志》是西晋陈寿编写的一部主要记载魏、蜀、吴三国鼎立时期历史的纪传体国别史，详细记载了从魏文帝黄初元年（220）到晋武帝太康元年（280）60年的历史，受到后人推崇。

思考题

1. 你从华佗治病的故事中明白了什么道理？

2. 后面的"链接"最后提到了和华佗齐名的中国古代另一位神医扁鹊，模仿课文说一个扁鹊治病的故事。

链接

外科始祖华佗

一般都认为外科手术是中医学非常遗憾的一个领域。但是在1700多年以前，我国就有相当水平的腹部手术和麻醉术。其根据就是《后汉书》、《三国志》两部史书中，都有关于华佗以剖腹术治病的记载。

华佗，又名华旉（fū），字元化，东汉沛国谯县（今安徽亳州）人。他精通儒学与医学，拒不为官，以医为业，方药、针灸皆精，通晓养生之道，尤擅长手术。《后汉书·华佗传》记述：他若遇病结积在内，针、药不能治的，"乃令先以酒服'麻沸散'，即醉无所觉，因刳（kū）破腹背，抽割积聚。若在肠胃，则断截湔（jiān）洗，除去病秽，既而缝合，敷以神膏，四五日创愈，一月之间皆平复"。

这种酒服"麻沸散"的全身麻醉法比西医用乙醚（mí）等施行全身麻醉术至少要早1600多年。有文献记载的华佗给患者麻醉后施行的手术就有：两次腹腔手术、一次骨科手术、一次放血术。从当时的医疗水平来看，这是合理、可信的。《黄帝内经》中有一定的解剖学方面的实际经验；当时本草书中已积累了一些麻醉药的使用经验，如乌头、莨菪（làngdàng）、麻蕡（fén）（大麻）等，而酒正有促进这些药物药性发作的作用。再者以今天的认识也可以印证这些记载是客观的，现代中药麻醉研究并经手术证实，口服中药施行的全身麻醉是可行的。而且华佗的麻醉、手术及伤口愈合过程，病体恢复时间，与现在的腹外科手术基本是一致的。

但就是这样一位医术高超的伟人，只因不愿侍奉权倾朝野的曹操，而遭杀身之祸。华佗临刑前曾将"医书一卷"送与狱吏，说："此书可以活人。"狱吏却畏法而不敢接受，因此华佗愤然将医书付之一炬，使华佗绝技成了千古之谜。

华佗在方药方面没有留下著作，但明代李时珍认为，华佗的学生所著《吴普本草》中载有华佗的用药经验。南朝陶弘景曾怀疑《神农本草经》为华佗、张仲景所记，虽嫌武断，但华佗对此书作过增修工作是可能的。关于华佗医著，《隋书·经籍志》所载的几部均已佚失。世传的《华氏中藏经》，据考证为六朝人所撰，但部分内容为华佗的学术思想。民国时曾刊行《华佗神医秘传》（近年有点校本，名为《华佗神方》）卷首有孙思邈（miǎo）、徐大椿（chūn）序，但不见历代他书引录，显然是托名的假书，不过其医论、方药仍有临床参考价值。

　　华佗通晓养生之术，创"五禽戏"、传养生方药，对养生学作出了很大的贡献，前面已经提到了。

　　华佗的诊断技术是很高明的。有一次，一位姓李的将军请他给妻子看病，华佗诊脉后说："病因是死胎未去。"将军说："确是伤胎，但死胎已经下来了。"华佗还是坚持："根据脉象看，死胎仍未下来。"将军不以为然。后来将军妻子病情加重，又请华佗诊视，华佗说："夫人怀的是双胎，一个死胎已经排出来了，另一个还未排出，应当用汤药和针刺治疗。"针、药用后，妇人腹痛像将要分娩（miǎn）一样，死胎仍没有下来。华佗说："死胎久枯，不能自出，应使人探之。"就请接生婆来，果然探得一死男婴，手足都齐全，色黑，长一尺左右。

　　华佗有时还采用精神疗法治病。有一郡守生病，华佗看后，对郡守儿子说，需要用使病人暴怒的方法才会治好。于是多向郡守索要财物，却不给他治疗，过了几天不辞而别，还留下一封信大骂郡守。郡守果然大怒，命令仆从去追杀华佗，他儿子偷偷地将仆人拦了回来。郡守暴怒后吐了很多血，病竟然痊愈了。

　　华佗的针灸术造诣很深。督邮徐毅患病，请医官刘租治疗，经针刺后，反咳嗽不止，不能安卧。第二天就请华佗来看。华佗发现是刺伤了肝脏。分析事故原因，是因为刘租按古人的取穴方法用针，古法脊柱两旁一系列穴位称"夹脊穴"，距脊柱正中线旁开一寸半。华佗结合自己的经验进行研究，认为应当改作距脊柱正中线半寸取穴。这一发明不但操作安全，而且提高了疗效，从此这一系列腧（shù）穴被命名为"华佗夹脊"，一直沿用至今。

华佗长期行医于民间，足迹遍于今安徽、河南等地，深受白姓爱戴，当时人视以为仙。他的名字也和扁鹊一样，成为历代对良医的尊称。

（选自《中国的医药》，魏子孝、聂莉芳著，中国国际广播出版社 2010 年版。文字有改写。）

七 张衡造地动仪

阳嘉[①]元年，复造候风[②]地动仪。以精铜[③]铸成，员径八尺[④]，合盖隆起[⑤]，形似酒尊[⑥]，饰以篆文[⑦]（zhuàn）山龟鸟兽之形。中有都柱[⑧]（dū），傍行八道，施关发机[⑨]。外有八龙，首衔铜丸；下有蟾蜍[⑩]（chán chú），张口承之。其牙机[⑪]巧制，皆隐在尊中，覆盖周密无际。

如有地动，尊则振龙，机发吐丸，而蟾蜍衔之。振声激扬，伺者因此觉知。虽一龙发机，而七首不动，寻其方向，乃知震之所在。验之以事，合契[⑫]（qì）若神。自书典[⑬]所记，未之有也。

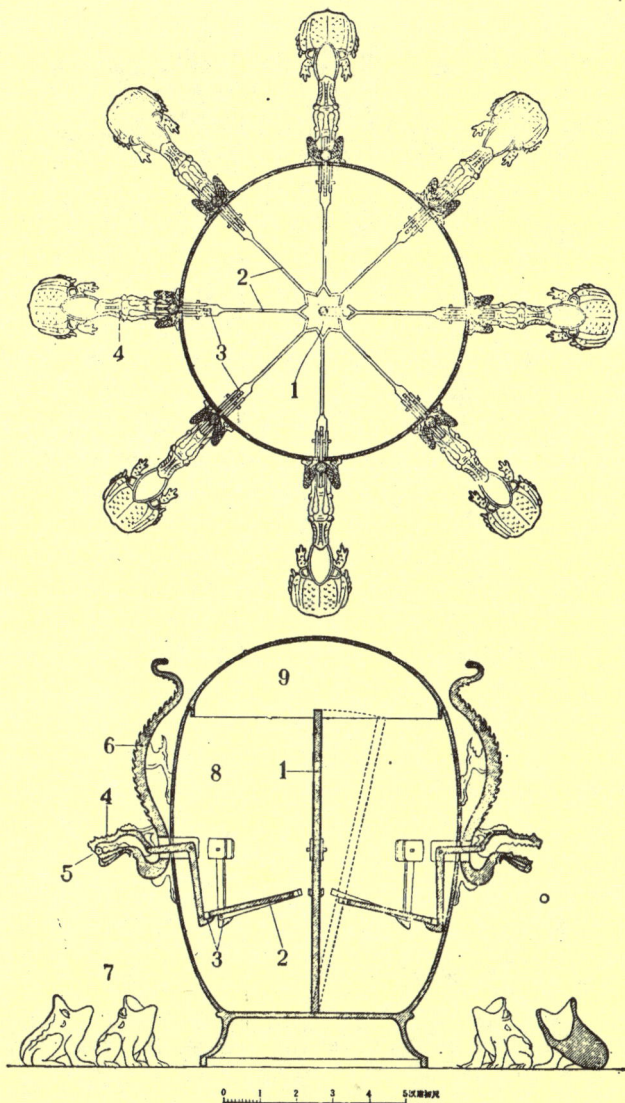

1.都柱　2.八道　3.牙机　4.龙首　5.铜丸　6.龙体　7.蟾蜍　8.仪体　9.仪盖

考古学家王振铎复原的候风地动仪设计图（1951年）

尝一龙机发，而地不觉动，京师学者咸怪其无征⑭。后数日，驿⑮至，果地震陇西⑯，于是皆服其妙。自此以后，乃令史官记地动所从方起。

（《后汉书》）

注释

①阳嘉：东汉顺帝的年号，132 年至 135 年。

②候风：观测风向。

③精铜：精炼的铜。

④员径：直径。员，通"圆"。尺：东汉时一尺约等于 0.231 米。

⑤隆起：高起来的地方。

⑥尊：古代泛指一切酒器，也特指某些形状特殊的酒器。

⑦篆文：汉字的一种字体，在春秋战国时通行。

⑧都柱：大柱。

⑨傍行八道，施关发机：边上八个方向各有一根分支的管道，安好枢纽，发动机件。傍：通"旁"。

⑩蟾蜍：俗称癞蛤蟆，安在八个龙形部件的下面。

⑪牙机：器械的启动机关。

⑫合契：相符合，相一致。

⑬书典：典籍，史书。

⑭咸：都。征：应验。

⑮驿：古代传递政府文件的人中途休息的地方，这里指驿站传递的文报。

⑯陇西：秦朝设置的郡名，在今甘肃的兰州、定西、天水、陇南一带。

译文

顺帝阳嘉元年（132），张衡又制造了候风地动仪。这个地动仪是用纯铜铸造的，直径有八尺，上下两部分相合盖住，中央凸起，样子像个大酒尊。外面用篆体文字和山、龟、鸟、兽的图案装饰。内部中央有根粗大的铜柱，铜柱的周围伸出八条滑道，还装置着枢纽，用来拨动机件。外面有八条龙，龙口各含一枚铜丸，龙头下面各有一只蛤蟆，张着嘴巴，准备接住龙口吐出的铜丸。仪器的枢纽和机件制造得很精巧，都隐藏在酒尊形的仪器中，覆盖严密得没有一点缝隙。

如果发生地震，仪器外面的龙就震动起来，机关发动，龙口吐出铜丸，下面的蛤蟆就把它接住。铜丸震击的声音清脆响亮，守候机器的人因此得知发生地震的消息。地震发生时只有一条龙的机关发动，另外七个龙头丝毫不动。按照震动的龙头所指的方向去寻找，就能知道地震的方位。用实际发生的地震来检验仪器，彼此完全相符，真是灵验如神。从古籍的记载中，还不曾看到有这样的仪器。

有一次，一条龙的机关发动了，可是洛阳并没有感到地震，京城的学者都怪它这次没有应验。几天后，驿站上传送文书的人来了，证明果然在陇西地区发生地震，大家这才叹服地动仪的绝妙。从此以后，朝廷就责成史官根据地动仪记载每次地震发生的方位。

背景资料

本文选自《后汉书·张衡传》。《后汉书》由我国南朝刘宋时期的历史学家范晔（398—445）编著，主要记述了上起东汉光武帝建武元年（25），下至汉献帝建安二十五年（220），共195年的史事。与《史记》、《汉书》、《三国志》并称为"前四史"。

张衡（78—139），字平子，南阳西鄂（今河南南阳石桥镇）人，我国东汉时期伟大的天文学家、数学家、发明家、地理学家、制图学家、文学家，在汉朝官至尚书，为我国天文学、机械技术、地震学的发展作出了不可磨灭的贡献。他创造了世界上最早利用水力转动的浑象（也称"浑天仪"）和测定地震的地动仪，第一次正确解释了月食的成因。由于他的贡献突出，国际小行星中心和国际小行星命名委员会曾将太阳系中的1802号小行星命名为"张衡星"。

思考题

1. 考古学家王振铎复原并制造出"张衡地动仪"的模型并不实用，你认为是什么原因？

2. 为什么张衡所造的候风地动仪在《后汉书·张衡传》后，再未见史书记载，而且地动仪也在历史上彻底消失了？

张衡地动仪复活之谜

提起张衡，相信大家都不陌生，他是我国古代著名的科学家、天文学家，他发明的世界上第一架地震仪——候风地动仪，代表了当时世界上最先进的科学技术水平。然而，这个地动仪仅在公元134年记录了一次陇西地震后，就仿佛从人间蒸发了一样。在我国的历次遗迹发掘中，也从未找到张衡地动仪的任何蛛丝马迹。

新中国成立以后，考古学家王振铎历经数载辛苦研究，复原并制造了"张衡地动仪"的模型。然而遗憾的是，这个模型根本无法探测地震。据此，近现代一些西方学者认为张衡地动仪之所以失传，是因为它根本就不符合科学的要求。难道张衡地动仪真的存在致命的错误吗？为了给这一神奇的仪器正名，河南博物院与中国地震台网中心强强联合，组成课题组，决定复原出张衡地动仪的真实模型，与此同时也为人们引出了一段张衡晚年的人生悲剧。

地动仪的千古传说

然而历史也不排除遗憾，自从张衡的地动仪问世后，仅在公元 134 年记录了一次陇西地震，此后地动仪就仿佛一阵烟尘在历史上销声匿迹。据史学家推算，大约就在西晋末年，地动仪就无声无息地彻底消失了。

千余年的光阴转瞬即逝，人们在河南地区进行了多次遗迹发掘，但未找到任何有关张衡地动仪的蛛丝马迹，甚至连片言只语的信息也没有，张衡地动仪的下落成为千古不解之谜。

历史遭到质疑

1951 年，考古学家王振铎历经数载辛苦研究，复原并制造出张衡地动仪的模型。为展示地动仪在历史上的真实性，这一模型被陈放在中国历史博物馆内供人参观。数以亿计的中国人，都毫不犹豫地把这一含有 8 条飞龙的模型认定为 1800 年前张衡亲手制造的。

模型虽已完成，却徒有其形而无实用性，也就是说，这个模型只能供人观看而无法探测地震。正因为如此，国内外地震学界对王振铎的模型一直持否定意见。更有近现代西方学者认为张衡地动仪之所以失传，就是因为它没有达到科学的要求，所以被人们抛弃不用了。

1993 年美国地震学者伯尔特在他的一本著作中提

出，张衡地动仪工作原理模糊不清，据此认为张衡地动仪是不科学的，从而否定了其在地震学历史上的作用。

来自方方面面的猜疑和批评让国人心痛不已，毕竟一直以来张衡和他的地动仪都是中国人的骄傲。难道它的存在仅仅是历史记载的错误？

复原真实地动仪

为了证明张衡求真务实的科学精神，也为了给地动仪拨乱反正以证其真，2004年8月，河南博物院与中国地震台网中心组成课题组，联合研究张衡地动仪，以期制造出新的复原模型。

经过一年多的努力，课题组最终确认了地动仪的工作原理是"悬垂摆原理"，而不是"直立杆原理"。

一直以来，人们都把范晔的《后汉书》作为研究张衡地动仪的唯一依据，这也许是历史故意给我们开了一个大玩笑。课题组组长冯锐指出，《后汉书》并不是记录"张衡地动仪"的唯一典籍，比《后汉书》年代更早的司马彪《续汉书》恰是我们最终解开谜团的关键。

范晔的《后汉书》要比司马彪的《续汉书》晚139年左右，作为文学家的范晔在著《后汉书》的时候，也许无法完全领悟张衡的科学思想，于是在对地动仪的相关记载中加入了个人的理解。正是这些个人理解的东西，给后人带来了长久的误解。

新模型对4次实际地震事件实现了良好的验震反应，中科院地质与地球物理所的滕吉文院士表示："地动仪是中华文明留给人类的宝贵文化遗产，各国科学家都在尝试复原，如果我们不把这件事做好，那就是罪过。从原理上和制作过程上讲，这台复原模型符合史料记载。"

对张衡地动仪原理结构的研究终于取得了成功和再现，它再一次证明了古代中国人的伟大智慧，展现了古人在当时条件下综合利用各种技术的创造精神。

解析地动仪失传之谜

冯锐课题组在复原出张衡地动仪真实模型的同时，还引出了一段张衡晚年的人生悲剧。就在地动仪问世的第二年即公元133年，京师发生了地震，张衡上书汉顺帝，要求政府改变执政方略，只有如此上天才能降福于人间。汉顺帝刘保被迫下诏，向天下承认错误，同时司空王龚被免职。

公元134年12月13日，陇西发生地震。由于京师未曾察觉，而地动仪却有所预示，因此地动仪就成为皇家的神器，司徒刘崎、司空孔扶两名高官却因此被免职。于是朝中大臣视张衡为妖魔，视地动仪为不祥之物。

张衡和他的地动仪自然而然也就成了众矢之的。

公元 134 年，张衡辞去了侍中之职。公元 136 年，京师再次地震，张衡对上天的再次惩罚无法做出合理的解释，于是被贬出京到河间为官，从此开始了凄凉的晚年。在张衡的内心深处，一直强烈怀念着地动仪在公元 134 年所创造的辉煌。他在诗中写道："我所思兮在汉阳，欲往从之陇坂长，侧身西望涕沾裳。"公元 139 年张衡抑郁而终，从此也没人再提起他的地动仪。人们推测，地动仪很可能遭到人为的破坏而彻底失传。

即使张衡这样的天才也没有意识到，地震只是一种自然现象。他错误地把地震和政治联系在了一起，最终导致了人生的悲剧。我们钦佩这位科学家的伟大贡献，同时也深深地为地动仪的失传而感到惋惜。

（选自《世界之谜大揭秘全集》，李宗编，中国城市出版社 2010 年版。文字有改动。）

八 定 器

辉出疆时，见虏中①所用定器②，色莹净可爱。近年所用，乃宿③、泗④近处所出，非真也。饶州景德镇，陶器所自出，于大观间窑变⑤，色红如朱砂，谓荧惑⑥躔度⑦临照而然。物反常为妖，窑户亟碎之。

时有玉牒防御使仲楫⑧，年八十余，居于饶，得数种，出以相示，云："比之定州红瓷器，色尤鲜明。"越上⑨秘色器，钱氏有国日供奉之物，不得臣下用，故曰"秘色"。

又尝见北客言：耀州黄浦镇烧瓷，名耀器⑩，白者为上，河朔用以分茶⑪。出窑一有破碎，即弃于河，一夕化为泥。又汝窑⑫，宫禁中烧，内有玛瑙末为油⑬，唯供御，拣退方许出卖，近尤艰得。

（《清波杂志》）

《天工开物·陶埏》中的瓶窑连接图、缸窑图

注释

①虏中：有的版本写成"燕中"，指今河北一带。南宋时，北方为金人统治，所以说"虏中"。

②定器：宋时定州出土的瓷器。定州窑是宋代五大名窑之一。

③宿：宿州，今安徽宿州。

④泗：泗州，今安徽泗县。

⑤窑变：制造瓷器时，由于窑内高温度的火焰使不同釉浆相互渗透变化，开窑后出现意外的新奇颜色和花样。

⑥荧惑：古人称火星叫荧惑。因它隐现不定，令人迷惑。

⑦躔度：日月星辰运行的度数。古人把周天分为三百六十度，划为若干区域，以辨别日月星辰的方位。

⑧仲楫：赵仲楫，宋太宗第四个儿子商王元份的后人，官至武功大夫、复州防御使。

⑨越上：即越州。今浙江绍兴。

⑩耀器：耀州出产的瓷器。耀州在今陕西铜川市耀州区。耀州窑也是宋朝的名窑。

中国文化读本
ZHONGGUO WENHUA DUBEN

⑪河朔：古代指黄河以北地区。分茶：宋元时煎茶的方法。注汤后用筷子搅茶乳，使汤水波纹幻变成种种形状。宋杨万里《澹庵座上观显上人分茶》诗："分茶何似煎茶好，煎茶不似分茶巧。"

⑫汝窑：宋代五大名窑之一。地址在今河南汝州。烧制的瓷器有"似玉非玉"的美名。

⑬油：同"釉（yòu）"。能使瓷器表面发出玻璃光泽的原料。

📗 译文

我出行边疆时，看到燕中用的定州瓷器，色泽晶莹，白净可爱。近些年所用的瓷器，是宿州、泗州近处出产的，不是真的定州瓷器。江西饶州的景德镇，陶器的出产地，在大观年间发生窑变，颜色像朱砂一样红，据说是火星运行在景德镇上空照耀而成这样的。物体反常就是妖，窑户赶紧打碎了它。

当时有个玉牒防御使叫赵仲楫，年纪八十多岁，住在饶州，得到几种，拿出来展示，说："用它来跟定州的红瓷器比，色泽更加鲜明。"越州的秘色瓷器，是五代十国时吴越国钱氏当国时供奉的东西，不能给臣下用，所以叫"秘色"。

又曾经听北方人说耀州的黄浦镇烧制的瓷器，叫耀器。白色的是上品，河朔一带用来分茶。出窑时一碰到有破碎的，马上扔到河里，一个晚上就化成泥。又有汝州瓷器，宫廷中烧制的，里面有玛瑙末做的釉，只供皇室使用，挑选后不合格退回的才允许买卖，近来尤其难得。

背景资料

选自周辉《清波杂志》卷五《定器》。《清波杂志》是我国南宋时期周辉撰写的一部重要史料笔记，是宋人笔记中较为著名的一种。书中记载了宋代的一些名人轶事，保留了不少宋人的佚文、佚诗和佚词，记载了当时的一些典章制度、风俗、物产等。

思考题

1. 课文中一共提到了几种瓷器？各有什么特色？

2. 用自己的话说说中国陶瓷发展史上有哪几次里程碑意义的重大转折。

链接

陶瓷的历史

中国是文明古国，陶瓷文化源远流长。英语单词"China"本意就是"陶瓷"的意思，因为中国古代陶瓷在世界上的杰出地位，它就成了中国的代名词。

陶器的发明，是人类社会发展史上划时代的事件，是人类最早通过化学变化将一种物质改变成另外一种物质的创造性活动。陶器最早可以追溯到远古时期，在新石器时代，我们的祖先就学会了制陶，掌握了制陶技术。这是人类懂得用火之后的又一大发明，对人类的进步和社会的发展起到了不可磨灭的作用。

1. 陶器的起源

陶器的出现大概有八九千年的历史，但它的起源可追溯到更早的时期。在旧石器时代晚期，人类就已经开始用黏土塑造形象，如欧洲一万多年以前的马格德林文化的野牛和熊的某些塑像。陶器是如何发明的，至今还没有一个明确的证据，可能是古人从发现涂有黏土的篮子经过自然大火烧过以后形成的不透水的容器上得到了启发，从而开始研究烧制陶器。

我国陶器的起源也没有详细的资料论证，在河南新郑裴李岗和河北武安慈山出土的陶器，据碳十四测试，其年代为公元前五六千年以上，是华北新石器时代已知的最早的遗存。在此基础上逐渐发展成了仰韶文化、龙山文化，直到阶级社会的商周文明。

最早的陶器应该是模仿古人日常使用的一些器物，包括篮子、葫芦等，后来由于经验的积累，再加上艺术创作能力的逐渐提高，继而创作了极具艺术个性的陶器造型。

2. 夏代

从古代文献记载和有关文物来看，夏代开始用普通陶土烧制灰黑陶，也少量烧制质地坚硬细致的白陶，并饰有花纹，绝大部分是印篮纹、方格纹和绳纹。白陶器主要是用手工制作，以后逐渐采用泥条盘筑和轮制。白陶的发明是我国制陶手工业的新发展。

3. 商代

商代的制陶业除了烧制一般的灰陶和白陶以外，还创造出了我国目前发现最早的原始瓷器。商代的白陶，出现了印纹装饰。后来在长期的生产实践中创造出了我国最早的原始青釉瓷器，这是我国制瓷手工业发展史上的一次飞跃，为我国瓷器的发展奠定了基础。

在烧制白陶和印纹硬陶器的实践中，在不断改进原料以及提高烧成温度和器表施釉的基础上，我国古代劳动人民创造出了原始瓷器。这些原始瓷器是由陶器向瓷器过渡阶段的产物，或者说原始瓷器还处于瓷器的低级阶段，所以称为原始瓷器。

釉的发明和使用是原始瓷器出现的必备条件，其成型工艺多采用泥条盘筑法，部分原始瓷器也有拍印纹饰。

4. 周代

周代的陶瓷生产在商代的基础上得到重大发展，西周王朝专门设置"陶正"官职管理陶瓷生产。此时烧制日用器皿和建筑用陶的作坊已有分工，开创了我国建筑史上房顶盖瓦的新纪元。另外，西周窑炉的窑室和火膛比商代有所扩大，提高了烧成温度和质量。

5. 春秋

春秋时期的陶器，以灰陶为主，装饰较为简单，主要饰有粗绳纹和瓦旋纹。窑炉有较大改善，窑身后部设置了烟囱，提高了烧成质量。春秋时期的印纹硬陶基本上承袭了西周时期的印纹硬陶并有所发展。

在商代和西周时期印纹硬陶与原始瓷器都用泥条盘筑法成型，纹饰也基本相同，用途多为储盛器。到了春秋晚期，印纹硬陶的用途基本未变，而原始瓷器的用途多是作食器用的，二者之间的用途有了明显分化。

6. 战国时期

战国时期的陶瓷业生产更加集中和产业化，此时的另一个特点是陶瓷私营作坊的出现。由于战国时期漆器和青铜手工业发达，对陶瓷装饰影响较大，运用磨光、暗花、粉绘等装饰以求达到铜器和漆器的效果。陶器装饰艺术的新成就当数运用线刻工艺，刻饰狩猎场景、龟、鱼、走兽等精美图案，突破了以前的装饰风格。陶塑作品在战国时期已有发现。

战国时期的原始瓷成型技法由泥条盘筑改为轮制，泥料精细，烧制的窑炉有圆窑和龙窑两种，产品质量和生产效率大大提高。战国时期陶瓷业的另一大成就是建筑用陶的大量生产，砖瓦在此时已有较高的生产水平。

中国文化读本
ZHONGGUO WENHUA DUBEN

7. 秦汉时期

秦汉是我国陶瓷史上的一个重要时期，各地发现的秦汉时期的陶俑，神态生动逼真，表明了我国雕塑艺术明快洗练、深沉雄大的民族风格的形成，如著名的秦始皇兵马俑和说唱俑。汉代的陶俑体形比秦俑小，用模型成批制作，注意细节的刻画。西汉后期，出现了一些追求生活享乐的陶塑，以及彩绘乐舞、杂技宴饮的陶俑。低温铅釉陶的出现，是汉代陶瓷工业的重大成就。东汉的砖室墓中的画像砖是当时一部分社会生活的写照。秦汉的瓦当也是历史文化的瑰宝。

瓷器出现于东汉时期，距今已有1800多年的历史。此时装饰的花纹，与前期陶器的特点并无多大差异。烧成技术有所提高，分为氧化、还原和冷却三个阶段，烧出了色泽青翠的瓷器。

8. 三国两晋南北朝

三国时期对胎釉原料的选用、成型、施釉方法、窑炉结构等技术进行了一系列的革新，取得了很大成就。坯胎的氧化铁和氧化钛含量较高，烧成温度已达1300℃左右，已经接近近代瓷器标准。

80

此时期烧制成了青瓷，以后进一步发展了黑瓷和白瓷。白瓷的出现，是我国劳动人民的又一大成就，它是后来各种彩绘瓷器的基础。最著名的窑系是浙江的越窑，其青瓷瓷器质量最高。制瓷工艺的另一大成就，是婺州窑首先成功使用化妆土，南方各青瓷窑场使用的都是石灰釉，施釉普遍使用浸釉法，釉层厚而均匀。这一时期的圆器都已用拉坯成型，器形规整，增加了美感。各地瓷器手工业作坊，普遍采用龙窑烧成。陶瓷造型受到佛教的影响较大，出现了佛造像和忍冬纹的装饰，而莲花装饰是最普遍的。

9. 隋唐五代

此时期瓷器的造型创造出了许多新的器型，如鸡头壶和盘口壶。隋代发明了一种新的陶瓷装饰技术，叫做印花，或者称为模印，就是用瓷质的印模在胎上压印出凹凸的暗花，然后施釉烧成。另一装饰工艺就是贴花，用泥浆把模印好的浅浮雕图案粘附在坯胎上，施釉烧成。

唐代制瓷业可以用"南青北白"来描述，邢窑白瓷和越窑青瓷分别代表了南北方制瓷的最高成就。唐三彩是唐朝陶瓷的独创，是我国艺术宝库中的瑰宝。唐三彩是一种低温陶器，用含铜、铁、钴（gǔ）、锰（měng）等矿物作釉料的着色剂，经800℃低温烧成，釉色呈绿、黄、蓝、褐等颜色，主要产地为洛阳。唐瓷中创造了一些新的品种，即花釉瓷器和绞胎瓷器。

10. 宋代

宋代是我国瓷业史上蓬勃发展的时期，在我国陶瓷史上的最大贡献就是为陶瓷美学开辟了一个新的境界。如钧瓷的窑变，青瓷的秘色，还有利用缺陷形成的瑕疵美。宋瓷的造型品类繁多，常见的有玉壶春瓶、梅瓶、花口瓶、瓜棱瓶、双耳瓶等。宋瓷的装饰题材极其丰富，花卉是主要装饰内容，龙、凤、鱼等动物和山水、回纹、卷枝、卷叶、莲瓣等也是常见的题材。宋代陶瓷远销到国外，数量比唐朝有了急剧的增长。

11. 元代

元代制瓷工艺在我国陶瓷史上占有极为重要的地位，尤其是江西景德镇，原料采用瓷石和高岭土，提高了烧成温度，减少了变形，适合于烧造大型陶瓷。其次是景德镇青花和釉里红的烧成，釉下彩瓷器发展到一个新的阶段，彩绘成为陶瓷装饰的首要方法。再就是颜色釉的研制成功，高温烧成了卵白釉、红釉、蓝釉等，是熟练掌握呈色剂的标志。景德镇从此以后成为全国制瓷中心。

元代陶瓷造型的最大特征就是形大、胎厚、体重，可以说这是它的时代特征，器型以罐、梅瓶、玉壶春瓶、碗和高足杯为主。元代陶瓷装饰方法有刻、划、贴、堆、镂、绘等，但主要的是景德镇的青花装饰。其装饰风格是层次多、画面满，主次分明，浑然一体。

12. 明朝

明代陶瓷继承了元代的特征，景德镇成为全国的瓷都，生产的青花釉里红远销国外。由于白瓷质量的提高，此时盛行釉上彩瓷，这是中国陶瓷史上的一大里程碑。另外，成化的斗彩装饰，开创了釉下青花和釉上多种彩色相结合的新工艺。

13. 清朝

中国陶瓷的发展在清朝达到了历史的高峰，进入了瓷器的黄金时代。青花和釉里红瓷器的烧造技术进一步提高，釉上彩流行釉上五彩装饰（红彩、黄彩、绿彩、蓝彩、黑彩与金彩等）和粉彩装饰。釉色的多样性为陶瓷装饰提供了极大的方便，烧制成了绚烂多姿的陶瓷艺术品。

（选自《装饰设计》，刘木森等编著，黄河出版社2008年版。文字有改动。）

九 陨石雨

　　建隆①中，南都②一夕星陨yǔn如雨，点或大或小，光彩煜yù然③，未至地而灭。

　　景祐④初，忻xīn州⑤夜中星陨极多，明日视之，皆石。闻今忻民犹有蓄之者。乃知《公羊传》⑥以雨yù⑦星不及地而复⑧，其说得之。左氏⑨以如雨而言与雨偕，非也。

（《渑水燕谈录》）shéng

注释

　　①建隆：宋太祖赵匡胤的年号，自公元960年至963年。

②南都：北宋于 1006 年将宋州（治所在今河南商丘）升格为应天府，1014 年又升格为南京，作为陪都。

③煜然：明亮的样子。

④景祐：宋仁宗赵祯的年号，自公元 1034 年至 1038 年。

⑤忻州：今山西省中部的忻州市忻府区。

⑥《公羊传》：亦称《春秋公羊传》或《公羊春秋》，战国时公羊高撰，着重阐述《春秋》"大义"，史事记载较简略。

⑦雨：降落。动词。

⑧此句见《春秋公羊传·庄公七年》。复，复返。之

所以说像雨一样降落的星复返，是因为古人看到落在地面的东西不发亮，不是星，故以为星又复返原位了。

⑨左氏：左丘明，与孔子同时代的史学家，曾著《春秋左氏传》。

译文

宋太祖建隆年间，河南商丘有天晚上星星像下雨一样陨落，有的大有的小，闪闪发光，没到地上就熄灭了。

宋仁宗景祐年间，忻州夜里星星陨落非常多，第二天一看，都是石头。听说现在忻州还有人收藏的。才知道《公羊传》认为星星降落不到地而返回，这种说法是对的。左丘明认为"如雨"是与雨一起陨落的意思，错了。

背景资料

本文选自《渑水燕谈录》卷九。《渑水燕谈录》是一本宋代笔记，大约记录了北宋开国（960）到北宋哲宗绍圣年间（1097）的杂事。

作者王辟之，字圣涂，山东临淄人。北宋哲宗时担任过河东县（今山西永济）知县，后隐居家乡的渑水河畔。

远在公元前7世纪，我国就有了关于陨石雨的记载，战国时的公羊高对陨石雨作出了正确的叙述。这是西方科学界所不及的。

本文作者不但肯定了公羊高的判断，而且批判了左丘明的错误叙述，在一千多年前有此正确看法，是很可贵的。

思考题

1. 流星雨与陨石雨有什么区别？
2. 描述你看到过或者想象中的流星雨。

链接

吉林省降落世界罕见的陨石雨

1976年3月8日，吉林省吉林地区降落了一次世界历史上罕见的陨石雨。这次陨石雨是由于一颗陨星坠入大气层中，与稠密的大气发生剧烈摩擦，引起陨星爆炸而形成的。

3月8日下午，宇宙空间有一颗陨星顺地球绕太阳公转的方向，以每秒十多千米的速度坠入大气层中。由于速度特别快，这颗陨星与地球上空稠密的大气发生剧烈摩擦，当陨星飞到吉林省吉林地区上空时，燃烧、发光，变成一个巨大的火球，到下午 3 时 1 分 59 秒，这颗陨星终于在吉林市郊区金珠乡上空发生爆炸。陨星爆炸后，大量碎小的陨石以辐射状向四面散落，降到了吉林市郊区大屯乡李家村和永吉县江密乡一带；较大块的陨石降落在金珠乡九座村、南兰村一带；最大的 3 块陨石沿着原来的飞行方向继续向偏南的方向飞去，最后在吉林市郊区九站乡三台子村、孤店子乡大荒地村和永吉县桦皮厂乡靠山村等地先后落下，最后一块特大陨石是在下午 3 时 2 分 36 秒时落下的。坠地时，穿破 1.7 米厚的冻土层，陷入地下 6.5 米深处，在地面上造成一个深 3 米、直径 2 米多的大坑，当时震起的土浪有几十米高，土块飞溅到百米之外。

这次陨石雨散落的范围约有 500 多平方千米，其中包括吉林市郊区、永吉县、蛟河县（现已撤县建市）的 7 个乡，但没有造成任何伤亡和损失。

陨石雨降落后，中国科学院迅速组成联合调查组赶赴现场，在吉林省、市科技部门和当地民众的大力配合协助下，进行了一系列的科学考察工作。到 4 月 22 日，科技工作者收集陨石已达 100 多块，总重量为 2600 公斤。

其中，最小的陨石块重量不足 0.5 公斤，还有 3 块每块重量都超过 100 公斤的大陨石，最大的一块陨石重量高达 1770 公斤，比美国收藏的、当时世界上最大的陨石还重 692 公斤，成为世界上最大的一块陨石。这次收集到的陨石块都收藏在吉林市博物馆，并设有展览专厅。

这次陨石雨无论数量、重量和散落的范围，都是世界罕见的，它对于今后在天文学、天体物理、高能物理、宇宙化学、天体史、地球史等方面的研究，都具有非常重要的价值。

（选自《中国二十世纪纪事本末》第 3 卷（1950—1976），周鸿等主编，山东人民出版社 2000 年版。文字有改动。）

十　开宝寺塔

开宝寺塔①，在京师②诸塔中最高，而制度③甚精，都料匠④预浩⑤所造也。塔初成，望之不正，而势倾西北。人怪而问之，浩曰："京师地平无山，而多西北风，

现存的开宝寺塔

吹之不百年，当正也。"其用心之精盖如此。国朝⑥以来，木工一人而已，至今木工皆以"预

都料"为法。有《木经》三卷行于世。

世传浩惟一女，年十余岁，每卧，则交手于胸为结构⑦状，如此越⑧年，撰成《木经》三卷，今行于世者是也。

（《归田录》）

开宝寺塔的精美细节

注释

①开宝寺塔：北宋木构建筑，在开封。存世50多年即遭雷击而烧毁。现存铁塔建于北宋皇祐元年（1049），1961年被国务院定为全国重点文物保护单位。铁塔是一座仿木结构仿楼阁式琉璃佛塔。八角13层，高55.88米。

②京师：都城，指北宋都城汴京（今开封）。

③制度：规模，样式。

④都料匠：古代称营造师，总工匠。都，总。

⑤预浩（？—989）：五代末、北宋初建筑家。又作喻浩、预皓、喻皓。浙江杭州人。对木结构建筑有丰富经验，尤擅多层宝塔和楼阁建造。曾主持汴梁（今开封）开宝寺木塔的建造，塔高120米，11级，历时8年建成。所著《木经》3卷，对后来李诫编修《营造法式》有较大影响。

⑥国朝：指宋朝。古人称本朝为"国朝"、"圣朝"。

⑦结构：建筑物构造的式样。

⑧越：过了。

译文

　　开宝寺塔在京城的许多宝塔中最高，建造的规模与设计也很精美，是都料匠预浩负责建造的。塔刚造成时，远看总觉得有点儿斜，塔身显得倾向西北。有人感到很奇怪，就去问预浩。预浩说："京城地势平坦而没有山峦，又多西北风，西北风吹它要不了一百年，应该就会正了。"他考虑问题就是这样精密周到。本朝建国以来，高水平的木工，预浩堪称第一。到现在木工们还把"预都料"的一套经验作为典范。预浩有《木经》三卷流传在世上。

　　世间传说预浩只有一个女儿，年纪十多岁，每到临睡时，就把双手交叉叠放在胸前做出结构的样子，这样经过多年研究，预浩才写出《木经》三卷，现在流传在世上的就是这部书。

背景资料

　　本文选自《归田录》卷一，宋代欧阳修著。《归田录》二卷，共 115 条。《归田录》是欧阳修晚年辞官闲居颍州时写的，所以书名叫归田。多记朝廷旧事和士大夫琐事，大多系亲身经历、见闻，史料翔实可靠。

思考题

1. 说说你知道的有名的斜塔有哪些。
2. 斜塔斜而不倒的原因不尽相同,你知道哪几种类型?

链接

护珠塔

护珠塔在上海市松江县(今松江区)天马乡天马山中峰, 圆智教寺后, 宋元丰二年(1079)横云里人许大全建, 南宋淳祐五年(1245)修。清乾隆年间, 周厚地编《干山志》称此塔叫宝光塔,南宋绍兴二十七年(1157)得宋高宗赐五色舍利, 藏在塔内, 所以有南宋时建塔的说法。

清乾隆五十三年(1788)圆智教寺祭神演戏, 燃放爆竹, 火焰飞至顶层, 塔心木及各层楼板、扶梯, 内外檐木构件均被烧毁, 仅剩空筒状砖身。火灾后, 有人发现底层砖缝中有贞观钱币, 挖砖取钱, 多年后竟拆去底层砖身一角。岩石上用土夯平的塔基, 年久土松弛, 基

位于上海市松江区的宋代斜塔护珠塔

础不平衡，致使塔身倾斜。1982年6月经上海市民用建筑设计院勘察队测定，塔身轴心线向东南偏2.27米，倾斜度达6°52′52″，为古建筑中所罕见。

塔为八角形，原有七级，现仅存砖身，历二百余年风雨侵袭，仍保持倾斜而不倒之状态。塔刹已毁，现高度为18.81米。1982年起，上海市文物保管委员会组织建筑专家十余人，成立"护珠塔修缮研究小组"，确定"按现状加固保持斜而不倒"的维修方案。在隐蔽部分嵌入钢筋，加固塔基和砖身，更换、修补风化剥蚀的砖面。1984年起施工，至1987年12月竣工。

1983年，护珠塔被公布为上海市文物保护单位。

（选自《上海文物博物馆志》，马承源主编，上海社会科学院出版社1997年版。文字有改动。）

十一 矿物分布

山，上有赭^①者，其下有铁；上有铅者，其下有银；上有丹砂^②者，其下有钰金^③；上有慈石^④者，其下有铜金。此山之见荣^⑤者也。

（《管子》）

《管子》刻本一页

注释

①赭：红褐色。

②丹砂：一种矿物，炼水银的主要原料。丹，红色。近代尹桐阳（1882—1950）说："凡黄金苗多与疵（cī）人金相杂。疵人金，黄色，在空气中与氧气相合则变丹色。经雨水冲刷成为碎粒，故曰'上有丹沙者，下有黄金'。"

③铧金：金矿石。铧，矿石。

④慈石：长石，硅酸盐矿物的总称。尹桐阳说："'慈'之言孳（zī）也。慈石即长石。长石受水及空气之变化，渐成为土。复受植物酸化，消化其中杂质，即成为净磁土，多含铜、铅、锡、银等矿，故曰'上有慈石者，下有铜金'，非指性能吸铁之慈石言也。"

⑤山之见荣：矿苗的显露，即露头。它们是地质观察和研究的重要对象。矿产露头是重要的找矿标志之一。

译文

山的表面是红褐色的，下面有铁矿；表面有铅的，下面有银矿；表面有丹砂的，下面有金矿；表面有慈石的，下面有铜矿。这都是山上出现矿苗的特征。

背景资料

　　本文选自《管子·地数篇》。该篇总结了一些矿床中矿物的分布规律，指出可以根据矿苗和矿物的共生或伴生现象来找矿床。该篇除把铜和铁的硫化物混称为黄金或铜金外，大体符合现代关于硫化矿床的矿物分布理论。

　　《管子》是战国时期一些学者假借管仲的名义写的，汉代又有一些增补。内容庞杂，包括了道家、名家、法家等的思想，以及天文、历数、地理、经济、农业等知识。

思考题

　　1. 说说你知道哪几种矿物。
　　2. 了解我国三种重要矿物的分布情况。

链接

矿化露头的地质信息研究

　　一个矿床的发现往往是从极为平凡的矿化标志认识评价开始的，所以要求找矿人员善于识别、评价地表发现的各种矿化标志。

　　随着找矿深度和难度的增大，除了深入进行各种高分辨的物化探测方法和仪器研究外，最根本、最重要的方向仍是对各类常见矿化标志的深入研究。其他信息研究成效有赖于和地质信息的有机结合，迅速查明各种信息与矿化的内在联系。找矿的对象仍是以找寻埋藏不深、近地表的矿床为主要对象。工作部署上的"就矿找矿"仍发挥重要作用。在注意新矿床类型发现和预测的同时，已知的主要工业矿床仍然是主要的预测找寻的目标。为此在预测找矿时，应特别重视各类矿尚未地表露头的识别、矿化类型的评价，各种与矿化有关的矿物岩石的标志的研究。常见的重要矿化信息，包括各类矿化露头（原生矿化露头、铁帽及氧化露头）、围岩蚀变、矿物标型特征、古时采冶遗迹及特殊地名等等。

（选自《成矿规律和成矿预测学》，卢作祥编著，中国地质大学出版社1989年版。）

十二　杠杆原理

衡①，加重于其一旁，必垂；权②、重相若也。相衡，则本③短标④长。两加焉，重相若，则标必下……长重者下，短轻者上。

（《墨经》）

注释

①衡：秤（chèng）杆；秤。

②权：指秤砣。

③本：杠杆支点挂重物的一边。

④标：杠杆支点挂秤砣的另一边。

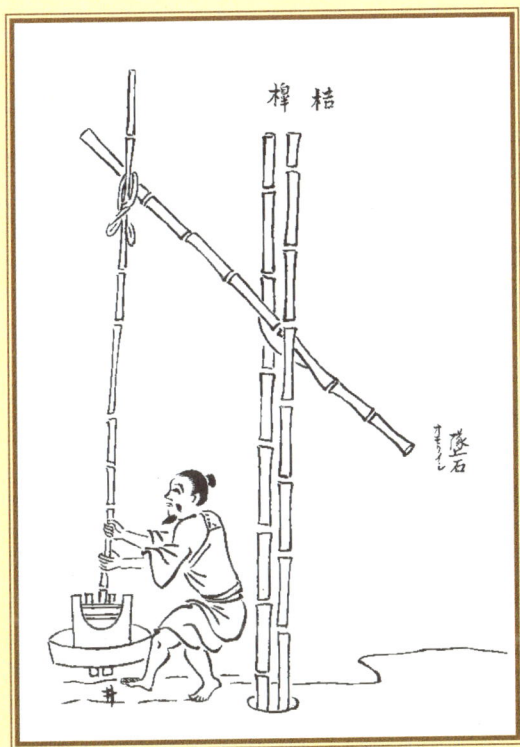

《天工开物》中的桔槔图

译文

　　秤，从一边加重必定下垂，因为秤砣和所称物的重量原是成正比的。秤杆平衡，一般是支点和重物之间的距离短，而支点与秤砣之间的距离长。在秤盘和秤砣上增加同等重量，那么秤砣必下垂……长的秤秤尾重而下垂，短的秤秤头轻而上翘。

背景资料

本文选自《墨经·经说下》，有删节。《墨经》是《墨子》一书中的重要部分，是战国时代墨子后学进一步发展墨子思想的著作。《墨经》概括了墨家关于认识论、逻辑学和自然科学的研究成果，其中包含中国最早的关于几何、力学和光学方面的一些知识。

思考题

1. 利用杠杆原理自制一把秤。
2. 讲述杠杆原理在日常生活中应用的三个例子。

链接

杠杆原理

杠杆的使用或许可以追溯到原始社会。当原始人拾起一根棍棒与野兽搏斗，或用它撬动一块巨石，他们实际上就是在使用杠杆。石器时代人们所用的石刀、石斧，都以天然绳索将它们和木柄拴束在一起，或者在石器上凿孔，装上木柄。这表明他们在实践中懂得了杠杆的经验法则：延长力臂可以增大力量。

　　杠杆在中国的典型发展是秤的发明及其广泛应用。在一根杠杆上安装吊绳作为支点，其一端挂上重物，另一端挂上砝码或秤砣，就可以称量物体的重量。古代人称它为"权衡"或"衡器"。"权"就是砝码或秤砣，"衡"是指秤杆。《吕氏春秋·古乐》中记载，黄帝使伶伦"造权衡度量"，《史记·夏本纪》记载夏禹"身为度，称以出"。可能，中国早在4000多年前就有雏形的权衡器。不过，迄今为止，考古发掘的最早的秤是在长沙附近左家公山上楚墓中的天平。它是公元前4世纪到公元前3世纪的物品，是个等臂秤。不等臂秤可能产生于春秋时期。古代中国人还发明了有两个支点的秤，俗称铢秤。使用这种秤，变动支点而不需要换秤杆就可以秤量较重的物体。这是中国人在衡器上的重大发明之一，也表明中国人在实践中完全掌握了阿基米德（前287—前212）杠杆原理。

　　《墨经》最早记述了秤的杠杆原理。《墨经》是战国时期鲁国人墨翟及其弟子的著作。墨翟和他的弟子们以刻苦耐劳、参加生产、勇敢善战著称。因此，他们的著作中留下了许多自然科学知识。

《墨经》将秤的支点到重物一端的距离称为"本"（今称为重臂），将支点到权一端的距离称为"标"（今称为力臂）。书中写道：

（1）当重物与权相等而衡器平衡时，如果加重物在衡器的一端，重物端必定下垂。

（2）如果因为加上重物而衡器平衡，那是本短标长的缘故。

（3）如果在本短标长的衡器两端加上重量相等的物体，那么标端必下垂。

墨家在这里将杠杆平衡的各种情形都讨论到了。他们既考虑了"本"与"标"相等的平衡，也考虑了"本"与"标"不相等的平衡；既注意到杠杆两端的力，也注意到力与作用点之间的距离大小。虽然他们没有给我们留下定量的数字关系，但已将杠杆的平衡条件叙述得十分全面了。这些文字记述肯定是墨家亲身实验的结果，它比阿基米德发现杠杆原理要早约 200 年。

桔（jié）槔（gāo）也是杠杆的一种。它是古代的取水工具。作为取水工具，一般地用它改变力的方向。作其他目的使用时，也可以改变力的大小，只要将桔槔的长臂端当作人施加力的一端即可。春秋战国时期，桔槔已成为农田灌溉的普通工具。

（选自《中国古代物理学》，戴念祖、张蔚河著，商务印书馆 1997 年版。文字有改动。）

图书在版编目（CIP）数据

中国古代科学技术 / 涂小马编著 . — 杭州 : 浙江古籍
出版社 , 2014.8（2020.7 重印）
（中国文化读本 / 朱永新 , 杨海明 , 马亚中主编 . 小学
精华编）
ISBN 978-7-5540-0311-4

Ⅰ.①中… Ⅱ.①涂… Ⅲ.①自然科学史－中国－
古代－少儿读物 Ⅳ.① N092-49

中国版本图书馆 CIP 数据核字（2014）第 198568 号

中国古代科学技术

涂小马　编著

出版发行　浙江古籍出版社
（杭州体育场路 347 号　电话 : 0571-85176986）
网　　址　www.zjguji.com
责任编辑　翁宇翔
责任校对　余　宏
特邀美编　曾国兴
封面设计　刘　欣
责任印务　贾　敏
照　　排　杭州立飞图文制作有限公司
印　　刷　三河市兴国印务有限公司
开　　本　880×1230　1/32
印　　张　3.75
字　　数　72 千字
版　　次　2014 年 10 月第 1 版
印　　次　2020 年 7 月第 2 次印刷
书　　号　ISBN 978-7-5540-0311-4
定　　价　21.80 元

如发现印装质量问题，影响阅读，请与本社市场营销部联系调换。